旧工业建筑绿色再生概论

The Generality of the Green Regeneration
of Old Industrial Buildings

李慧民 张 扬 田 卫 陈 旭 著

中国建筑工业出版社

图书在版编目（CIP）数据

旧工业建筑绿色再生概论/李慧民，陈旭，张扬等
著.—北京：中国建筑工业出版社，2017.5
ISBN 978-7-112-20509-7

I.①旧…　Ⅱ.①李…②陈…③张…　Ⅲ.①工业
建筑—生态建筑—建筑设计　Ⅳ.①TU27

中国版本图书馆CIP数据核字（2017）第042476号

　　本书是对旧工业建筑绿色再生的概念、技术、设计、管理以及评价方法的系统
论述。全书分为7章。其中第1章介绍了旧工业建筑绿色再生的概念、发展历程和
现状；第2章深入介绍了旧工业建筑再生的一般模式；第3章主要介绍了旧工业建
筑绿色再生的设计原则和设计方法；第4章系统总结了适合旧工业建筑再生项目的
绿色技术；第5章介绍了旧工业建筑绿色再生的管理方法；第6章系统建立了旧工
业建筑绿色评价体系；第7章详细介绍了国内3个旧工业建筑绿色再生案例。
　　本书适合旧工业建筑再生利用研究人员阅读，也可供旧工业建筑再生利用规划、
设计、管理、施工人员参考。

责任编辑：武晓涛
责任校对：李美娜　李欣慰

旧工业建筑绿色再生概论

李慧民　张　扬　田　卫　陈　旭　著

*
中国建筑工业出版社出版、发行（北京海淀三里河路9号）
各地新华书店、建筑书店经销
北京京点图文设计有限公司制版
北京圣夫亚美印刷有限公司印刷
*
开本：787×1092毫米　1/16　印张：13¼　字数：290千字
2017年4月第一版　2017年4月第一次印刷
定价：**36.00**元
ISBN 978-7-112-20509-7
　　　（30202）

《旧工业建筑绿色再生概论》
编写（调研）组

组　　长：李慧民

副组长：张　扬　田　卫　陈　旭

成　　员：樊胜军　武　乾　盛金喜　郭　平　唐　杰

郭海东　裴兴旺　闫瑞琦　张广敏　李　勤

蒋红妍　贾丽欣　钟兴润　黄　莺　张　勇

谭　啸　李林洁　杨战军　万婷婷　张　健

孟　海　谭菲雪　刘慧军　刚家斌　马海骋

杨　波　牛　波　曾凡奎　高明哲　杨　敏

前　言

　　本书是对旧工业建筑绿色再生的概念、技术、设计、管理以及评价方法的系统论述。全书分为 7 章。其中第 1 章介绍了旧工业建筑绿色再生的概念、发展历程和现状，并对其基本内涵、存在问题和发展前景进行了综述；第 2 章深入介绍了旧工业建筑再生的一般模式，并结合绿色再生的特点对旧工业建筑再生模式展开了进一步的发掘；第 3 章主要介绍了旧工业建筑绿色再生的设计原则和设计方法；第 4 章系统总结了适合旧工业建筑再生项目的绿色技术，为旧工业建筑的绿色再生提供了有力的技术支持；第 5 章介绍了旧工业建筑绿色再生的管理方法，从管理层面上指导旧工业建筑绿色再生工作的有序开展；第 6 章系统建立了旧工业建筑绿色评价体系，从决策分析、效果评价两个角度为旧工业建筑绿色开展提供了科学工具；第 7 章详细介绍了国内 3 个旧工业建筑绿色再生案例，从实例出发，对旧工业建筑绿色再生相关理论展开了进一步的阐释。

　　本书由李慧民、张扬、田卫、陈旭编著。其中各章分工为：第 1 章由张扬、李慧民编写；第 2 章由田卫、张扬编写；第 3 章由唐杰、陈旭编写；第 4 章由郭平、李慧民编写；第 5 章由唐杰、陈旭编写；第 6 章由张扬、田卫编写；第 7 章由郭平、张扬编写。

　　本书的编写得到了国家自然科学基金委员会（面上项目"旧工业建筑（群）再生利用评价理论与应用研究"（批准号：51178386）、面上项目"基于博弈论的旧工业区再生利用利益机制研究"（批准号：51478384）、面上项目"在役旧工业建筑再利用危机管理模式研究"（批准号：51278398））、住房和城乡建设部科学技术项目（"旧工业建筑绿色改造评价体系研究"（项目编号：2014-R1-009））的支持，同时西安建筑科技大学、百盛联合建设集团、西安华清科教产业（集团）有限公司、西安世界之窗产业园投资管理有限公司、案例项目所属单位、相关规划设计研究院等单位的技术与管理人员均对本书的编写提供了诚恳的帮助。同时在编写过程中还参考了许多专家和学者的有关研究成果及文献资料，在此一并向他们表示衷心的感谢！

　　由于作者水平有限，书中不足之处，敬请广大读者批评指正。

作　者

2016 年 9 月于西安

目　录

第1章 绪 论

1.1 旧工业建筑绿色再生源起

1.1.1 城市发展带来旧工业建筑的诞生

根据国家统计局 2015 年 1 月发布的数据，我国 2015 年城镇化率达到 56.10%，相比新中国成立时的 10.6%[1]，有了大幅的提升。中国城镇化率变化图如图 1.1 所示。

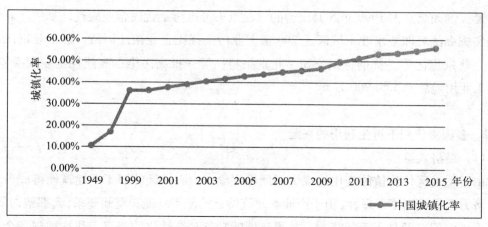

图 1.1 中国城镇化率变化图

(图片来源：笔者根据中华人民共和国国家统计局发布数据整理绘制)

国家城市化进程的加速带来了人口职业、产业结构、土地和地域空间等属性的转变。原城市内部工业地段由于城市规模扩张、产业结构调整、环境污染等原因不再适应城市的发展，从而需要外迁或者改造。

（1）城市规模扩张

在城市化过程中，城市数量、人口及其占地规模激增，城市规模迅速扩张，带来了"近郊逐步变为城区、远郊逐步变成近郊、农村逐步变成远郊"式的更替，城市建设发展呈现波浪状扩散。过程中，许多工业企业的厂区的区位类型也发生了变化，由原本的城郊或农村变为中心城区或近郊，大多数企业选择厂区搬迁来应对相应的规划调整和租金变化，原生产厂房即闲置下来[2]。

（2）产业结构调整

随着 20 世纪 90 年代我国大幅度调整产业结构、全面推进第三产业发展战略以来，城市的空间结构发生了重大变化，工业重心向新兴工业区或郊外转移。究其原因有二：一方面，新技术的引进与开发导致传统工业发展举步维艰，包括东北、西北、西南、上海等老工业基地在新形势下呈现出了不同程度的落后与衰败，许多企业都面临着"关、停、并、转"的境况；另一方面，我国东部沿海经济发达地区在经历了改革开放初期、20 世纪 80 年代至 90 年代的工业用地开发蓬勃发展阶段后，工业产业从数量集聚向更多层的产业升级转变，逐渐开始实施工业主动转移策略，如 2006 年广东东莞市已分别在周边郊县设立了总开发面积达 4.19 万亩的产业转移工业园区 [3]。

（3）环境污染治理

工业生产带来的环境污染问题一直是我国环境问题的主要组成部分，粗放式的发展模式使城市建设与生态保护的矛盾日益激化。为解决工业污染与居民对城市环境要求之间的矛盾，许多城市政府要求城区内存在污染的工业厂区关停或搬迁，大量工业厂房随之闲置。例如北京市 1999 年 5 月出台的《北京市推进污染扰民企业搬迁，加快产业结构调整实施办法》即要求北京城区近 200 家工业污染扰民企业搬迁调整，包括北京化工实验厂、北京焦化厂、首钢特钢公司、北京染料厂等一批高污染、高能耗企业相继停产。闲置工业用地总面积约 900 万 m^2 [4]。

1.1.2 多因素作用下再生利用的兴起

（1）经济效益

由于土地区位价值的变化造成级差地租现象，中心城区的旧工业建筑使得城市用地在经济方面显现出不合理性。由于产业类建筑特定的使用功能和空间要求，大都结构坚固、建筑内部空间开敞易于重新分割，其灵活性的功能与个性化的氛围，往往被创意企业与人士青睐。

1）提升项目自身的经济效益

大部分在其安全使用年限内的旧工业建筑具有相对完善的基础设施和坚固的主体结构，只需对其进行功能的改造以及结构的加固，无需推倒重建，充分发挥项目自身剩余的经济价值。从节约的视角来看，对功能的改造无疑是经济的选择，符合我国现阶段的发展状况。加之对旧工业建筑功能改造，不涉及土地原使用者的拆迁安置问题，且场地已具备了良好的给排水、电力、通信等基础设施条件，不仅可以节省大量的拆除、清理场地等前期工作及相关费用，还可以缩短建设周期，早日实现预定目标。

1976 年美国历史建筑保护国家信托委员会（National Trust for Historic Preservation）举行的"老建筑保护经济效益"会议中分析得出的报告指出，再利用通常可较新建节省 1/3 ~ 1/4 费用。20 世纪 80 年代后，英美的统计数据表明，总体上再利用的建筑成本比新建同样规模、标准的建筑可节省 20% ~ 50% 费用[5]。例如江苏省某工业厂房改为教学园区的案例（见表 1.1），改造相比新建在费用上节约 120 万元。

某教学园区改造 - 新建方案对比表　　　　　　　　　　　　　　表 1.1

原建筑名称	现建筑名称	改造内容	改造面积（m²）	改造方案		新建方案	
				总造价（万元）	单方造价（元/m²）	单方造价（元/m²）	总造价（万元）
1 号车间	教学楼	增加室内加层、外走廊、外楼梯	2336	90	385	500	128
2 号车间	学生宿舍楼	增加室内加层、内走廊、内楼梯	1653	64	387	500	91
锅炉房	教职工食堂	增加室内加层、内走廊、炉灶等	400	17	425	600	24
土地费用			100 万元（转让地价）			148 万元（新征地价）	
合计			4389	271 万元		391 万元	

同时改造项目相较新建项目还具有施工工期短的优势，例如原天津纺织机械厂改造的绿领产业园（图 1.2），从选址规划到投入运营仅用了 85 天时间。工期的缩短有利于施工费用的降低和成本的尽早回收，从这点出发，也提升了旧工业建筑再生项目的经济优势。

2）促进区域经济发展

随着城市化规模进一步扩张，城市土地价格的飙升是目前我国城市发展的基本现状，因而被废弃或即将废弃的工业厂区所在地段的商业价值也在不断提升。而且工业建筑占地面积大、空间开阔、建筑层数少的特点使其空间场地具有较好的再开发潜力，可通过加建、扩建或改建等方式扩大空间容量，进一步改善空间功能结构。因而投资商可投资开发的项目就比较广泛，如展厅、博物馆、剧场、商场、餐馆、酒吧、茶馆等投资回报率较高的产业。我国在这方面已有不少成功的尝试，如北京 798 艺术区（见图 1.3）、上海田

图 1.2　天津绿领产业园

图 1.3　北京 798 艺术区

图 1.4　上海田子坊

子坊（见图 1.4）均由废弃的工厂作坊改造而成，这类项目不仅保存了所处地段的场所特征，更重要的是提高了这一地段的品质和价值，复兴了周边地带的经济。

（2）环境保护

从环境保护的角度上看，当采取推倒重建的方式处理旧工业建筑时，一拆（产生建筑垃圾）一建（消耗建筑材料）的过程也必然带来碳排放量的增加。同时，传统的拆除过程往往还伴随着城市噪声和空气污染，拆卸后的建筑垃圾不可自然降解（尤其是传统建筑大多为砖混结构，其拆除后无法循环利用，至多只能作为次级使用——比如作垫层），成为环境的负担。同时，日本有关学者研究得出：在环境总体污染中与建筑业有关的环境污染所占比例极可观，约为 34%[6]。且使用周期一百年的建筑物要比使用周期三十五年的建筑物，污染程度降低 17%[7]。在地球环境污染日益严重的今天，旧工业建筑再生利用将是一种可以有效减轻环境污染的做法。例如，天津纺织机械厂的再生利用——原厂区占地面积 138 亩，存在 6.1 万 m² 的闲置厂房，老旧建筑 23 栋，若全部拆除会带来 61232t 的建筑垃圾，而新建同建筑面积的房屋则需消耗相当于 5417t 的标准煤炭。从费用上说，改造成本仅为拆除重建成本的 36.4%。

（3）文化与景观的作用

旧工业城市记载着城市发展历史，其环境和场所文化能够唤起人们的回忆和憧憬，人们因他们自身所处场所的共同经历而产生认同感和归属感；同时，旧工业建筑作为 20 世纪城市发展的重要组成部分，在空间尺度、建筑风格、材料色彩、构造技术等方面记载了工业社会和后工业社会历史的发展演变以及社会的文化价值取向，反映了工业时代的政治、经济、文化及科学技术的情况，是"城市博物馆"关于工业化时代的"实物展品"，也是后代人认识历史的重要线索。因此，通过对旧工业建筑的再生利用有助于保存城市与建筑环境中的工业时代特征，有助于保持建筑与城市实体环境的历史延续性和增强城市发展的历史厚重感，如原粤中造船厂改造的广东省中山市岐江公园（见图 1.5），自 2001 年改造完成以来，先后获得美国 ASLA 设计荣誉奖（2002 年）、中国首届建筑艺术奖（2004 年）、全国第十届美展金奖（2004 年）、世界滨水设计最高荣誉奖（2008 年）。

与其他类型的历史建筑比较，旧工业类历史建筑同样是城市文明进程的见证者。这些遗留物正是"城市博物馆"关于工业化时代的最好展品。坐落在城市公共空间的旧工业建筑，往往具有个性，具有一定的方位地标作用，其中很多还是所在城市的特征性地标，是人们从景观层面认知城市的重要构成要素，如无锡民族工商业博物馆（原茂新面粉厂），其改造前后对比如图 1.6 所示。

(a) 改造前   (b) 改造后

图 1.5 中山岐江公园改造前后对比图

图 1.6 无锡民族工商业博物馆改造前后对比

（4）国有资产保值增值

在市场经济体制下，企业的产权转让是一种市场行为，不同于过去企业的关、停、并、转。一是关停并转是无偿性的，而产权转让是有偿性的；二是关停并转是采用指令性的行政命令的方法，产权转让是自愿性互利的经济方法；三是关停并转一般只限于企业整体的有形资产，产权转让不但包括有形资产，而且也包括无形的资产；四是关停并转不改变所有制性质，而产权转让有的则要改变企业的所有制性质；五是关停并转一般不改变企业法人实体，而产权转让则改变原有企业法人实体。在原旧工业建筑所有人转让划拨土地过程中，改变的只是土地的表现形式，只要坚持市场规则实行等价、有偿转让，土地的价值量绝不会减少，更不会消失，根本不存在国有资产的流失。

因此通过旧工业建筑再生利用可以促进存量土地的合理流动和重新配置，优化资本结构，把有限的社会资源引向效益更高的部门，从而提高国有资产的整体经营效益，保证国有资产的保值增值，也是国有资产管理工作的出发点和归宿点[2]。

1.1.3 时代背景下绿色再生的必然

（1）全球能源危机及资源短缺背景下对建筑节能性的要求

能源危机、资源短缺是当今世界面临的主要问题之一。我国建筑能耗总量呈逐年上升趋势，在能源总消费量中所占的比例已从 20 世纪 70 年代末的 10% 上升至 27.45%；发达国家的建筑能耗可达到占全国能耗总量的 39%[8]，见图 1.7。综上，采取有效措施降低建筑能耗能够有效缓解能源危机和资源短缺的问题。

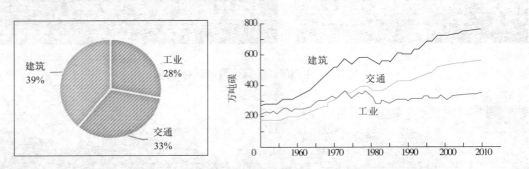

图 1.7　建筑能耗占能耗总量比重示意图

（2）环境污染严重背景下对建筑改善环境效果的要求

目前我国环境污染严重，雾霾、沙尘暴、水污染等问题层出不穷。而相对其他建筑，绿色建筑能够有效降低对土地、水以及空气等的负荷，较高的绿地率的要求还可以起到改善环境的效果。

（3）经济能力提高后对建筑健康舒适性的要求

根据文献 [9] 统计汇总的地方绿色建筑评价标识项目数量与 GDP 关系图（见图 1.8）可以看出，绿色建筑评价标识的项目数量与当地 GDP 高度线性相关，说明随着 GDP 的增高，当地对绿色建筑的主观认可和客观需求就相对越高，获得绿色建筑评价标识的项目数量亦随之增多[9]。

根据文献 [10] 的研究，绿色建筑是人类建筑发展的第四个阶段，见图 1.9。由此可见，随着经济能力、生活层次的逐步提高，绿色建筑将是建筑发展的必然方向。

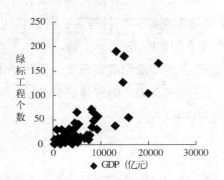

图 1.8　地方绿建评价标识项目数量与 GDP 关系图

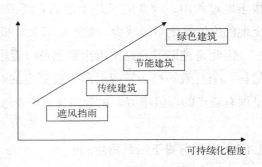

图 1.9　人类建筑发展阶段划分

（4）社会进步下政府对绿色建筑的统一要求

2012 年 5 月，我国财政部发布《关于加快推动我国绿色建筑发展实施意见》，对绿色建筑的发展提出了要求和希望；2013 年 1 月 11 日，国务院转发了《绿色建筑行动方案》，对绿色节能的标准、措施和补贴政策做了具体的要求。方案要求："十二五"期间，北方采暖地区的既有居住建筑供热计量和节能改造需完成 4 亿 m^2 以上，夏热冬冷地区的既有居住建筑节能改造达到 5000 万 m^2，而公共建筑和公共机构的办公建筑其节能改造达到 1.2 亿 m^2。截至 2020 年年末，基本完成北方采暖地区的有改造价值的城镇居住建筑的节能改造；住建部随后发表了《关于加强绿色建筑评价标准管理及备案工作的通知》，以城乡建设发展模式转型出发，以推广绿色建筑为主要手段，制定相应激励政策和措施，引导并推动绿色建筑的发展；2015 年 5 月，中共中央国务院发布《关于加快推进生态文明建设的意见》，明确将坚持绿色发展、循环发展、低碳发展作为加快推进生态文明建设的基本途径。这些都作为政府宏观控制措施敦促着绿色建筑的进一步扩张。

综上所述，随着我国经济的高速发展，城市范围不断扩张，原来位于城市边缘的工业企业驻地已经成为城市黄金地段。按照城市功能要求和社会发展形势所趋，工业企业搬迁、破产后，占地面积大、建筑密度和容积率极低的工业厂区大量呈现，旧工业建筑闲置数量日益增多。同时由于社会生态环境保护意识的增强，以及人们在满足物质生活需求后对于寻找文化、精神慰藉的需要等多方面的因素，使得丰富多样的旧工业建筑再生利用项目成为城市建设中一道亮丽的风景。结合能源危机、环境污染的环境背景，以及生活水平提高后人们对建筑健康舒适的进一步要求，绿色再生成为其发展的必然，如图 1.10 所示。

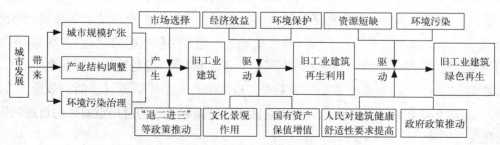

图 1.10　旧工业建筑绿色再生源起示意图

1.2　旧工业建筑绿色再生概念与特点

1.2.1　旧工业建筑绿色再生概念

（1）旧工业建筑（Old Industrial Buildings）

旧工业建筑指因原企业关闭、停产、搬迁等原因失去原有生产功能，被闲置或废弃的工业建筑。旧工业建筑属于旧建筑中的一个子类,包括生产建筑及其附属建(构)筑物、基础设施等,概念涵盖了旧工业建筑单体及其厂区。从其再生价值上将旧工业建筑分为三类:1)历史悠久或有特殊价值的工业建筑,再生时需按照文物保护要求尽心保护性再生的建筑;2)陈旧过时、已丧失结构安全性的工业建筑,不具备再生基本条件的建筑;3)已停止原生产,但结构基本安全可靠,具有再生价值的工业建筑。本书的研究以第三类旧工业建筑为主要研究对象展开。

(2)再生利用(Regeneration)

再生利用是对原有建筑的再次开发利用,它是在原有建筑非全部拆除的前提下,全部或部分利用原有建筑物实体进行改造以满足新的功能,并相应保留其承载的历史文化内容的一种建造方式。

"再生利用"是一种整体的策略,在某种程度上包含适当的保护、修复、翻新、改造等多重内容,其核心思想在于在符合社会经济、文化整体发展目标的基础上为旧工业建筑重新赋予生命。

旧工业建筑再生利用要求我们发掘建筑过去的价值并加以利用,将其转化成新的活力。旧工业建筑再生利用主要涉及两个方面内容:1)当原建筑物损毁破坏影响其正常使用时,对其进行的加固维修;2)当原建筑的使用功能不能满足新功能需求时,在保留全部或部分原结构构件的基础上,利用改建、扩建的方式对原建筑进行改造,达到功能置换的目的。

(3)绿色建筑(Green Buildings)

绿色建筑指建筑对环境无害,能充分利用环境自然资源,并且在不破坏环境基本生态平衡条件下建造的一种建筑,又可称为可持续发展建筑、生态建筑、回归大自然建筑、节能环保建筑等。2004年8月,原国家建设部首次官方定义了绿色建筑:"为人们提供健康、舒适、安全的居住、工作和活动的空间,同时在建筑全生命周期中实现高效率地利用资源(节能、节地、节水、节材)并且最低限度地影响环境的建筑物"。在2014年发布的《绿色建筑评价标准》GB/T 50378—2014(以下简称《绿色建筑评价标准》)中,将绿色建筑定义为:"在建筑的全寿命周期内,最大限度地节约资源(节能、节地、节水、节材)、保护环境和减少污染,为人们提供健康、适用和高效的适用空间,与自然和谐共生的建筑"[11][12]。

从能源与环境的角度看,绿色建筑更为关注建筑的全寿命周期,从节地与室外环境、节能与能源利用、节水与水资源利用、节材与材料资源利用、室内环境、施工管理、运营管理七个方面协同作用,是一种源于节能又高于节能的建筑发展目标。

由此衍生出"绿色度"概念,绿色度即符合绿色建筑要求的程度,绿色度越高,认为该建筑越符合绿色建筑的要求。

(4)绿色再生(Green Regeneration)

绿色再生主要是指在建筑再生过程中,从决策、设计、施工及后期运营这一建筑全寿命周期内，结合绿色建筑的标准要求，在满足新的使用功能要求、合理的经济性的同时，最大限度节约资源、保护环境、减少污染，为人提供健康、高效和适用的使用空间，和社会及自然和谐共生，以此为基础形成的一种绿色理念以及所实施的一系列活动。

1.2.2 旧工业建筑绿色再生特点

绿色再生旧工业建筑（Green Regeneration of Old Industrial Buildings）是按照绿色建筑的核心要求展开再生利用的旧工业建筑。旧工业建筑绿色再生项目要求在全寿命周期内，以功能适用、经济节能、低碳环保、健康舒适为导向对其进行决策、实施及运营，使其满足绿色建筑评价标准的基本要求。相较于一般的改造再生，绿色再生具备以下几方面的特点：

（1）目标不同。一般的再生改造主要强调了质量、费用和工期，而绿色再生项目为达到节约资源、健康舒适、回归自然的要求，同时需要兼顾质量、费用、工期、环境、资源和人文等内容。将建筑的环保性能、舒适度、健康性作为必要目标进行全局把控。以把建筑打造为绿色建筑为最终目标。

（2）控制要点不同。一般再生利用仅重视经济效益，以满足功能要求、保证利润最大化为控制要点，严重忽视了能源的巨大消耗，漠视由建设引起的环境问题。而绿色再生强调在不以牺牲生态环境代价的前提下，做到各方利益的协调统一，以功能适用、节能环保、健康舒适为控制要点，更为全面、细致。

（3）技术手段不同。一般的改造技术，以功能为主要导向，技术的选择仅以功能的满足为条件；绿色再生技术选择上，除了满足功能需求，还需要考虑到节能、环保、健康、舒适等要求，加入了主动和被动式节能技术，以期获得更好的使用体验。

（4）层次需求不同。一般的再生改造主要满足基础的使用需求，而绿色再生是在满足功能需求的基础上，保证再生项目低碳环保、健康舒适的特性，是一种更高层次的使用需求。

1.3 旧工业建筑绿色再生发展历程

我国旧工业建筑再生始于 20 世纪 80 年代，其发展主要经历了四个阶段[13]。

第一阶段：国内旧工业建筑的再生利用始于 20 世纪 80 年代。这个时期的旧工业建筑再生利用项目多以拆除为主，再生项目较为少见。

第二阶段：20 世纪 90 年代初至 90 年代中期。由于产业结构调整，闲置工业建筑数量大幅增加，同时受到国外优质旧工业建筑再生项目的启发，在这一阶段，我国旧工业建筑再生项目数量大幅增多。如北京市手表二厂改建为双安商场，上海面粉公司的废弃车间改造为莫干山大饭店等。

第三阶段：20 世纪 90 年代中期至今。除北京、上海等大城市外，其他二三线城市的旧工业建筑再生项目也逐渐得到重视和发展。

与此同时，在环境污染日益严重的背景下，绿色建筑作为改善环境的重要手段之一，逐步升级为研究和实践的热点议题，成为我国建筑发展的主流方向。1996 年，我国将"绿色建筑体系研究"正式列为"九五重点资助课题"。1998 年，国家自然科学基金委员会又将"可持续发展在中国人居环境的研究"列为国家重点资助项目。2000 年 2 月 18 日，我国出台了《建筑节能技术政策》，并于 2001 年 10 月 1 日实施《夏热冬冷地区居住建筑节能设计标准》。形成了包括《绿色奥运建筑评估体系》（2003 年，我国首个系统的绿色建筑评估体系）、《绿色建筑技术导则》（2005 年）、《公共建筑节能设计标准》（2005 年）、《绿色建筑评价标准》（2006 年）、《绿色建筑评价技术细则》（2007 年）等国家标准；《深圳市绿色住区规划设计导则》（2009 年）、《陕西省绿色建筑评价标准》（2010 年）、《北京市绿色建筑评价标准》（2011 年）等地方标准在内的绿色建筑标准体系。

伴随着相关政策、标准的出台，旧工业建筑绿色项目开始出现在人们的视野。国内旧工业建筑再生项目发展史如图 1.11 所示。

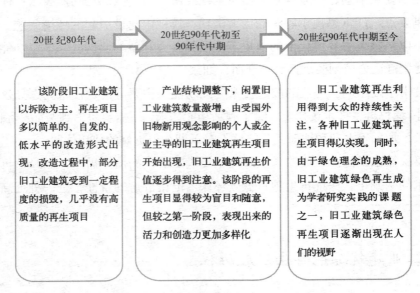

图 1.11　国内旧工业建筑的再生利用发展历程

1.4　绿色视角下旧工业建筑再生现状

1.4.1　城市发展特征与典型城市

（1）城市发展特征

旧工业建筑进行处理时，分为改变功能后重新利用（简称"利用"）、对原建筑进行保护修复（简称"修复"）、拆除放弃在原土地上重新进行建设（简称"拆弃"）三种方式。以经济人口水平、城市定位等不同特征为主线，不同类型城市的旧工业建筑处理手段具有明显的特点，主要可分为四种类型，见表1.2（图中坐标根据调研典型项目的原建筑面积进行确定，再生过程中对原建筑以复原、修复为主，以保护原建筑为主要目的进行的，即定义为"保护"型；再生过程中，以再生后功能为设计导向，未着重进行原建筑保护的即为"利用"型；对原工业建筑进行拆除的即为"拆弃"型。统计各处理方式对应的原工业建筑的面积进行计算，进而确定对应坐标值）。

旧工业建筑再生利用项目城市分布特征 表 1.2

类型	发展特点	典型城市	原因剖析
重利用型	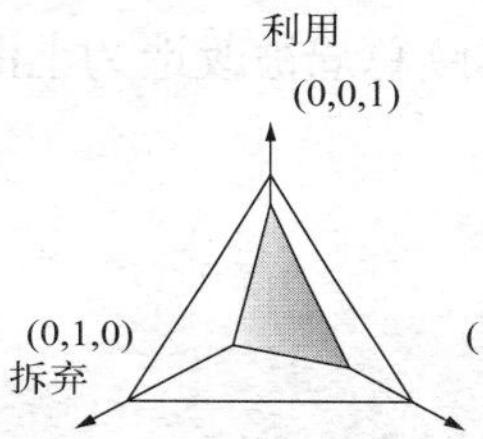 利用 (0,0,1) (0,1,0) 拆弃　(1,0,0) 保护	北京 上海	"重利用"型城市以一线城市为主。这类城市经济水平较高，对生活精神层次需求亦相对提高。单纯出于经济考虑的推倒重建的开发模式已退出主角地位，取而代之的是再生为创意园、孵化基地等为多模式的利用处理，实现文化价值与经济价值的共赢
重保护型	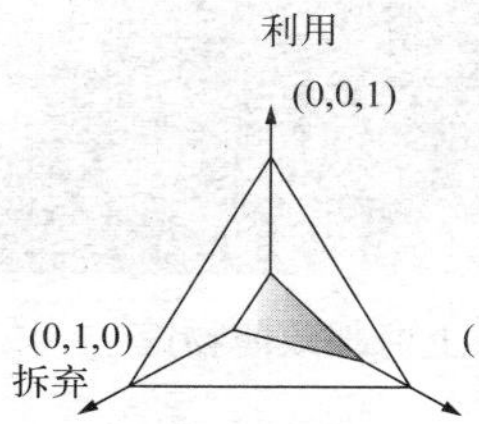 利用 (0,0,1) (0,1,0) 拆弃　(1,0,0) 保护	苏州 杭州	"重保护"型城市以历史名城为主。这类城市立足于工业遗产的保护，将这些由老厂房遗址改造而成的博物馆、产业园与工业旅游相结合，产生新的生命和发展可能
重拆弃型	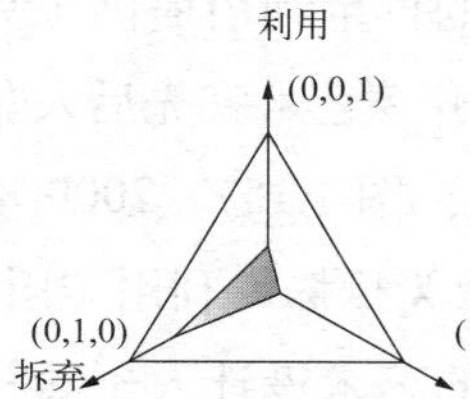 利用 (0,0,1) (0,1,0) 拆弃　(1,0,0) 保护	沈阳 大连	"重拆弃"型城市以老工业城市为主。这类城市在更新过程中，经济主导型的城市建设意识仍占上风，很多具有重要价值的旧工业建筑在城市开发中已被拆除，相对于丰富的工业建筑基数，旧工业建筑整体保存下来极少
均衡型	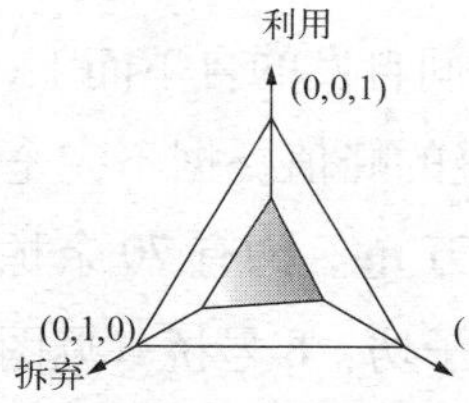 利用 (0,0,1) (0,1,0) 拆弃　(1,0,0) 保护	西安 温州	"均衡"型城市以二三线城市为主。随着城市发展进程加速、工业结构调整，在城市内出现大量工业建筑的闲置。同时吸收其他城市旧工业建筑再生利用的相关经验，合理规划，得到了不错的发展

注：图中坐标根据调研获得的各地代表性旧工业项目统计，根据不同处理手段对应的典型项目的原建筑面积确定。图中数据基于调研项目确定，不涵盖调研城市内所有旧工业建筑的处理情况。

（2）典型城市

1）"重利用"型——以上海市为例

以北京、上海为代表的一线城市，在经济水平不断提高的基础上，按照马斯洛需求层次理论的基本原理，人们对生活精神层次需求的不断增高，单纯出于经济考虑的推倒重建的开发模式已退出主角地位，取而代之的是以保留、保护、修缮、再生为手段的多模式的开发处理，以实现文化价值与经济价值的共赢。开发时，注重创意的彰显，涌现出许多国内外知名的再生利用项目。

最早的对旧工业建筑的再生是在上海对优秀历史建筑的保护中促成的，上海第一批（1989）、第二批（1993）、第三批（1999）、第四批（2014）优秀历史建筑中，分别有2、12、16、14处工业建筑上榜。这一类被划归为优秀历史建筑的旧工业建筑依据《上海市历史文化风貌区和优秀历史建筑保护条例》被保护性再生，多改造为展览馆、博物馆形式。如杨树浦水厂被改造为上海自来水展示馆（见图1.12），上海邮政总局被改造为上海邮政博物馆（见图1.13）。

图 1.12　上海自来水展示馆

图 1.13　上海邮政博物馆

除了被动保护之外，上海居高不下的房价也为旧工业建筑的再生利用提供了另一个契机。1998年，以降低租赁为主要推动力，陈逸飞、王劼音、尔冬升等艺术家先后入驻"田子坊"内的老厂房，将其改造为特色鲜明的工作室（见图1.14、图1.15）。2000年，打浦桥街道办人事处，以盘活资源，增加就业岗位，发展创意产业为目标，利用"田子坊"老厂房资源招商，现已入驻70余家单位，有18个国家和地区的艺术设计人士参与，形成了一种"自下而上"式的旧工业建筑再生模式。

从8号桥开始，旧工业建筑再生的发展路线就已经开始由民间自发的自下而上，改变为政府发起的自上而下进行开发，到世博会期间到达了一个明显的峰值。据不完全统计，上海世博会建设用地5.28km²的范围内，有旧厂房改造项目达50万m²，约有70余栋房屋。此举将旧工业建筑在上海的再生利用推向了一个新的高潮。而田子坊、8号桥（见图1.16）等成功的创意园区式的改造案例，证明了工业建筑改为创意园区的技术及商业可行性，推动了包括M50创意产业园（图1.17）、红坊（图1.18）等一大波旧工业建筑的"创意园区"化。

图 1.14 田子坊内陈逸飞工作室

图 1.15 田子坊石库门

图 1.16 8 号桥时尚创意中心

图 1.17 M50 创意产业园

图 1.18 红坊文化艺术社区

2)"重保护"型——以无锡市为例

在我国 2007 年第三次全国文物普查中，国家文物局将工业建筑及其附属物归为近现代重要史迹和代表性建筑子类，正式明确了政府对我国工业遗产的保护态度。以无锡、杭州、苏州为代表的历史名城，立足于工业遗产的保护和再生，将这些由老厂房遗址改造而成的写字楼、产业园与旅游相结合，产生新的生命和发展可能。这类历史名城作为我国著名的旅游城市，为了提高城市的文化底蕴、丰富其历史内涵，政府对旧工业建筑的再生利用越来越重视，给予了大量的鼓励和优惠政策。再生利用中按照严格保护建筑原貌的方式进行改造。在保护文物的同时，通过老建筑带来的品牌效应和广告效果，提高了整个厂区的综合价值。红砖、管线、标语用来营造复古的文化氛围，吸引了很多主打复古、文化等的产业入驻。

2006 年 4 月 18 日，由国家文物局主持在无锡召开了主题为"聚焦工业遗产"的首届中国工业遗产保护论坛。会上通过了保护工业遗产的《无锡建议》，标志着中国工业遗产保护工作正式提到议事日程。

作为我国六大工业城市之一，无锡市率先提出了"工业遗产保护要从老厂房保护向老企业整体布局保护和老企业片区风貌保护转变"。按照"护其貌、显其颜、铸其魂"的原则进行建筑保护再生，从传统的大拆大建犀利过渡为保护更新，从而保护城市历史、提高城市内涵。由于工业建筑遗存良好的建筑状况、充足的数量基数，无锡市旧工业建筑再生模式包括创意园区式的改造（如 N1955 文化创意园，见图 1.19）、博物馆展览馆（如中国丝业博物馆，见图 1.20）、艺术中心（如无锡市北仓门艺术中心，见图 1.21）等。

图 1.19　N1955 文化创意园　　　图 1.20　中国丝业博物馆　　　图 1.21　北仓门艺术中心

3）"重拆弃"型——以沈阳市为例

沈阳、大连、郑州、重庆都是我国历史上的重点工业城市，在城市更新的过程中同样产生一大批闲置工业建筑。但由于对旧工业建筑价值的认识不到位，在当前城市更新过程中，经济主导型的城市建设意识仍占上风，很多具有重要价值的近代旧工业建筑在城市开发中已被拆除，近代工业建筑所剩无几，整体保存下来极少，很多保留下来的近代工业建筑以单体厂房、办公楼或者宿舍为主，少有规格完整的旧工业建筑群留存。

如今沈阳市大部分的工业建筑遗产集中分布在大东区、皇姑区和铁西区三个区域。这三个区的厂区和企业规模宏大，连接成片。在城市空间和城市形态上具有一定的规模效应。沈阳市旧工业建筑再生案例较少，较为知名的是建于 1939 年的沈阳铸造厂改造成的沈阳铸造博物馆。以铁西区为例，2002 年沈阳市将铁西区与沈阳经济技术开发区合署办公，组建了铁西新区，实施"东搬西建"计划——把铁西区的工业企业搬迁到开发区。利用工业企业搬迁腾出的土地，大力发展现代服务业，对铁西区进行了改造。几年来，铁西区共有214 户老厂区进行了搬迁，工业厂房随之被大部分拆除，大量工业建筑遗产被推倒。一片片现代化的高楼大厦迅速地替代了当年的厂房、烟囱以及相随相生的生产热潮。

4）"均衡型"——以西安市为例

西安、温州这些二三线城市，随着城市发展进程加速、工业结构调整，在城市内出现大量工业建筑的闲置。受其他城市成功改造案例的影响，近年旧工业建筑再生利用项目开始在这些城市中崭露头角，得到了不错的发展，形成了包括学院路 7 号 LOFT、大华·1935、老钢厂创意设计产业园等成功的改造案例。这些成功案例在美学价值、社会价值、经济价值上的突出表现有效推动了旧工业建筑保护与利用工作在二三线城市的进一步开展。

西安市旧工业建筑主要包括近代清末、"民国"早期和 20 世纪三四十年代形成的具备历史价值的部分工业遗产，以及新中国成立后的"一五"、"三线"建设时期形成的具有工业特色和鲜明时代特征的建筑等。这些建筑作为西安市工业记忆的载体，多保存完好，建筑特色鲜明、结构安全可靠，具有一定的保护与再生价值。但是在实际操作中，着手进行改造的项目却并不多见。目前，西安市内较为成熟的旧工业建筑再生利用项目仅有陕西钢铁厂的综合改造、西安大华纱厂（国营陕西第十一棉纺织厂）改造为大华·1935、唐华一印改造为西安半坡国际艺术区这三例（见图 1.22 ～图 1.24）。

图 1.22　陕钢厂综合改造

图 1.23　大华·1935

图 1.24　半坡国际艺术区

吸收其他城市旧工业建筑的再生经验，西安市旧工业建筑再生利用较为均衡，再生利用前首先会对建筑进行价值评估，根据评估结果选择保护、改造后再利用或是拆除。以大华·1935 为例，再生过程中分别保留 23600m²、32850m² 进行保护性再生（作为文化主题区进行展览）及改造性再生（作为酒店、商业、餐饮等其他功能使用），其他部分拆除。

1.4.2　项目单体特征与典型项目

在对我国旧工业建筑再生利用项目调研考察的基础上，汇总了包括我国旧工业建筑再生利用项目年代与结构类型分布、再生模式、外部处理方式、结构处理方式等方面的现状特征。

（1）年代分布与结构类型

根据我国工业发展历程，我国闲置的旧工业建筑存在着各个年代间的不均匀分布现象；随着建造技术的改善，建筑结构类型也随着地区、年代有着一定的变化，针对调研涉及的典型案例进行分析，得到相关建筑的年代分别与结构类型如图 1.25 ～图 1.27 所示。

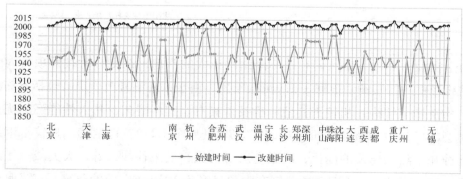
图 1.25　我国典型旧工业建筑再生项目建筑年代分布

由图 1.25 可见，我国既有旧工业建筑多为 1979 年以前的建筑（占调研项目总数的 84%，见图 1.26）。

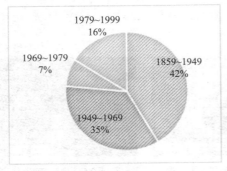

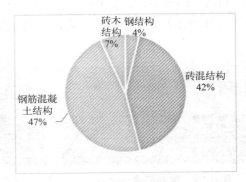

图 1.26　旧工业建筑再生项目始建年代分布　　　图 1.27　旧工业建筑再生项目结构类型分布

这类再生利用建筑的典型特点是：1）年代较远，在建筑属性和历史文化层面有丰富的内涵底蕴；2）多采用"修旧如旧"的原则进行保护修缮，以再生利用的方式进行留存；3）改造成本高，这类建筑由于年代久远、建造材料技术相对落后、因历史原因保护不当等因素的影响，建筑本身结构性能存在一定的安全隐患，需要修缮加固，改造成本较高；4）再生效果好，受建筑历史文化内涵存在的独特的吸引力，此类再生项目多兼具文化与商业价值，调研涉及的多个案例证明，这两个属性的叠加可以创造更大的经济价值。

我国典型旧工业改造项目建筑结构类型分布表　　　　　　　　　表 1.3

结构类型	数量	比例	代表案例
砖木结构	7	6.60%	无锡北仓门生活艺术中心；纸业公所
砖混结构	45	42.45%	中国丝业博物馆；广州信义国际会馆
钢筋混凝土结构	50	47.17%	8 号桥时尚创意中心；苏州 X2 创意街区
钢结构	4	3.77%	沈阳中性文化广场；铸造博物馆

由于在同一个项目中可能存在不同结构形式的厂房，在划分时按照项目内的典型建筑结构形式进行归类。根据表 1.3 可以看出，由于钢筋混凝土厂房（包括钢筋混凝土框架结构及排架结构）相较于其他结构类型具有坚固、耐久、防火性能好的优点，该结构类型的厂房占了整体调研份额的 47.17%（见图 1.27）。再生时，相较于钢结构厂房的锈蚀和木结构建筑的腐化，混凝土厂房的保存效果往往最好，大大减少了改造再生的工作量。同时，由于旧工业建筑在上项目多为 1979 年以前的建筑，在当时建造技

术的限制下，砖混结构较多，进而再生利用项目中，砖混结构所占比重也较大（占调研项目的 42.45%）。

（2）建筑规模与单位面积投资额

调研时对各个项目的建筑面积及单位面积投资额数据进行了初步搜集。调研发现，旧工业建筑再生利用项目的建筑面积在 0.14 万 m² 到 23 万 m² 之间，建筑规模差异较大；北京 768 创意产业园单位面积投资额为 291.12 元 /m²，天津 6 号院创意产业园，华津 3526 创意产业园单位面积投资额为 1724.14 元 / m²，上海田子坊单位面积投资额为646.55 元 /m²；温州 LOFT7 总投资达 0.9 亿元，单位面积投资额达到 15000 元 / m²。图 1.28对调研项目的建筑面积与其单位面积投资额进行了不完全统计。由于再生模式、投资主体经济实力、再生后的目标消费群体、配套设施等差异，不同项目的投资额差别较大，两极化明显；同时部分项目的单位面积投资额较大，远超过当时当地同类型的新建建筑。

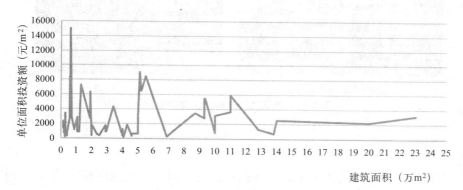

图 1.28　旧工业建筑再生利用项目建筑面积与其单位面积投资额

（3）外部处理方式

我国旧工业建筑再生利用项目其外部处理方式主要包括维护建筑原貌（保持建筑外立面，仅作修复式处理）、新老建筑共生（部分建筑维持原貌，部分建筑外立面进行现代化更新）、全面更新（重新进行外立面设计，从外观上难以判断原始功能）三种形式，如表 1.4 所示。

我国旧工业建筑再生利用外部处理方式分布表　　　　　　　　　　　　　　　表 1.4

外部处理方式	数量	比例	代表案例
维护建筑原貌	36	34.38%	无锡北仓门生活艺术中心；纸业公所；苏纶场
新老建筑共生	50	47.92%	上海 8 号桥时尚创意中心；西安老钢厂创意园
全面更新	20	18.75%	上海无线电八厂

由表 1.4 可见，国内旧工业建筑再生利用的外部处理以维持建筑原貌或部分更新改造为主。如无锡北仓门、苏州的桃花坞和苏纶场等大多数再生项目均注重建筑原有风貌的维护，最大程度上保护其建筑历史文化价值。以南京 1865 科技创意产业园为例（见图1.29），该产业园由始建于公元 1865 年的金陵机器局改建而成，园区内有清代文物建筑 9 幢、民国时期建筑 19 幢、新中国成立后建筑 20 余幢，是一座中国工业建筑博物馆。改造时，以"不能动老房子一砖一瓦"作为改造原则对园区内老工业建筑进行保护性的再利用；若企业因发展需要，要对老建筑进行改造，改造方案必须报园区审核，要求建筑的外形、框架、梁柱、建筑风格、建筑特色等决不允许发生改变。

(a) 1865 科技创意产业园大门　　　　　　　(b) 园区内景

图 1.29　南京 1865 科技创意产业园

（4）容积率与绿地率

通过对我国旧工业建筑再生项目占地面积、建筑面积、绿地面积的调研，计算出项目的容积率（容积率＝建筑面积／占地面积）及绿地率（绿地率＝绿地面积／占地面积）得到我国典型旧工业建筑再生项目容积率和绿地率，见图 1.30。

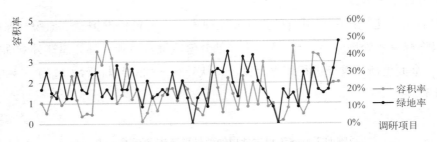

图 1.30　我国典型旧工业建筑再生项目容积率和绿地率

由图 1.30 可知，我国典型旧工业建筑再生项目的容积率在 0.1 ～ 4.0 之间，其中，以容积率在 0.8 ～ 3.5 的项目居多（见图 1.31）。其容积率主要受原建筑结构影响，多层厂房及原厂多层办公楼类改造的项目容积率相对较大，单层厂房改造项目容积率一般较小，通常在 1.0 以下。

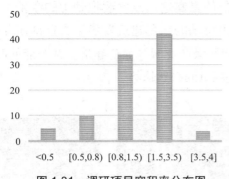

图 1.31　调研项目容积率分布图

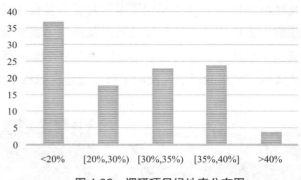

图 1.32　调研项目绿地率分布图

从图 1.30 的调研结果可见，我国旧工业建筑再生项目绿化情况差异较大，其绿地率分布情况见图 1.32。大部分大型、知名的再生利用项目较重视建筑的绿化效果，除了采用传统的绿化手段外，还增加了垂直绿化和屋顶绿化，保证了项目较高的绿地率（图 1.33（a））；而其他简单再生的项目的绿化效果明显较差，偌大的厂区严格上说没有一块完整的绿地的也并不少见（图 1.33（b））。

（a）绿化效果较好的再生项目　　　　　　（b）绿化效果较差的再生项目

图 1.33　旧工业建筑再生项目绿化效果对比图

（5）再生模式与绿色再生

旧工业建筑一般具备厂区体量大、占地面积较广的特点，随着人们对优质生活环境的追求，结合城市建筑密度大、绿地率低的现状，对闲置的工业建筑群进行适当的改造，打造环保主题公园就成为旧工业建筑再生的新趋势之一。如广东省中山市由原粤中造船厂改建的中山岐江公园、成都市由原成都红光电子管厂改造的成都东区音乐公园、上海市由原大华橡胶厂改造的徐家汇公园等，都是旧工业建筑再生为城市绿地主题公园的典型案例（见图 1.34 ~ 图 1.36）。国内旧工业建筑再生典型案例见附录 1。

同"公园化"的再生模式相同，旧工业建筑的绿色再生也是一种能够改善建筑物理环境，提高绿地率，美化周边建筑环境的再生模式。在可持续发展意识、政府政策支持及经济补助、全寿命周期成本的降低以及使用性能的提高这四点主要推动力的激发下，政府大力推进、市场积极拉动以及第三方机构自主协动的绿色建筑发展模式逐渐萌芽，诞生了包括上海当代艺术博物馆、上海花园坊节能环保产业园等绿色建筑。其节能的改造效果、使用的舒适性预示了旧工业建筑绿色再生项目的必然趋势。

图 1.34　中山岐江公园　　　　图 1.35　成都东区音乐公园　　　　图 1.36　徐家汇公园

1.4.3　既有旧工业建筑绿色再生项目概况统计与分析

由于绿色意识的缺乏和技术指导的空白，我国旧工业建筑绿色再生项目数量并不多，表 1.5 所示为我国的旧工业建筑绿色再生案例的基本情况。

我国旧工业建筑绿色改造典型案例　　　　　　　表 1.5

城市	现名称	原名称	始建年代	改建时间	结构类型	项目展示	备注
上海	上海当代艺术博物馆	南市发电厂	1985	2010	钢筋混凝土框架结构		首个厂房改造三星绿色建筑
	上海花园坊节能技术环保产业园	上海乾通汽车附件厂	1954-1996	2008	钢筋混凝土框架结构		LEED 绿色建筑金奖；按照三星绿色建筑改造
天津	天津绿领慧谷创意产业园	天津纺织机械厂	1946	2011	排架、框架结构		低碳环保示范园区

城市	现名称	原名称	始建年代	改建时间	结构类型	项目展示	备注
天津	天友绿建设计中心	天津某电子厂	1993	1998	框架结构		绿色建筑和低能耗建筑示范工程、绿色三星设计标识
苏州	苏州市建筑设计研究院生态办公楼	法资企业美西航空机械设备厂区	1895	2001	框架结构		三星级绿色运营标识
深圳	南海易库创意产业园	三洋厂区	1980	2005	框架结构		全国节能示范项目

根据表 1.5 中的调研结果，旧工业建筑绿色再生项目在我国发展的典型特征主要体现在以下三个方面。

（1）绿色再生项目较少。在课题组调研的 106 个典型旧工业建筑再生项目中，使用绿色概念和手段再生的建筑仅有 6 例，占调研总项目的 5.66%。由于调研涉及的 106 个基本上属于投资额较大、知名度较高、改造效果较为成功的项目，可以推断，在全国既有的旧工业建筑再生项目中，绿色再生项目的比重更小。

（2）再生中基本保持原建筑风格不变。相较其他非绿色建筑的旧工业建筑再生项目，绿色建筑外观基本上保持了原有的工业特色，选择"修旧如旧"建筑风格，建筑外观没有过多装饰性构件，在使用中舒适性较好、建筑环境佳，能更好地得到用户的认可。

（3）使用观感较好。旧工业建筑绿色再生项目在物理环境、建筑环境、使用舒适度等方面均优于未获得绿色建筑评价标识的旧工业建筑再生项目。但从单位面积投资额上来看，几个项目的单方投资额均在 1500 元 /m² 以上，在同类项目中处于较高水平。

（4）不适合利用现行《绿色建筑评价标准》进行评价。由于缺乏针对性的指标，旧工业建筑再生的既有优势无法得到合理的体现，为获得绿色建筑认证，这些工业建筑再生中就只能采用绿色技术叠加的方式，很多技术实际上并不成熟，对于当时当地也缺乏适用性研究，在运营中并不实用。例如，花园坊节能环保产业园内花费 600 万元购置的地源热泵，因为使用过程中的技术问题基本处于闲置状态，造成了资源极大的浪费；同时现行《绿建》主要强调节能环保、健康和舒适等主流绿色概念，并未将旧工业建筑再生利用中不容忽视的对有价值的工业历史的保护性利用列入评价条款，单纯按照《绿建》进行评价直接将导致开发商为了迎合《绿建》评价指标而忽略对原历史文化价值的保护。

1.4.4 旧工业建筑再生项目存在问题与改善措施

（1）旧工业建筑再生项目问题归纳

针对国内 106 个旧工业建筑再生项目进行走访，在取得基础资料同时对利益受再生项目影响的各参与方展开深入调研，结合对相关政府机构，建设、设计、施工及监理单位，咨询公司，建筑使用者等的座谈访问，发现我国旧工业建筑再生项目在安全、经济、社会、环境四大方面存在以下几个主要问题，见图 1.37 及表 1.6。

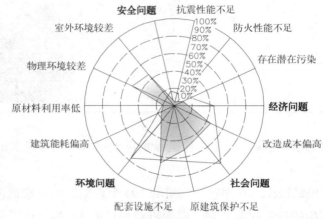

图 1.37　旧工业建筑再生项目问题归纳

我国旧工业建筑再生利用项目存在问题分析　　　　　表 1.6

主要问题	具体表现	原因分析
安全问题	抗震性能不满足规范要求	抗震设防标准逐年提高，原建筑设计不符合现行规范要求；建筑年久失修，结构老化，检测加固工作不到位；部分自发改造项目改造时违规加层加盖，未进行正规的结构承载力计算
	防火性能不足	①首部《建筑设计防火规范》1974 年才开始施行，80 年代中后期防火设计才逐渐体系化，而目前的旧工业再生建筑多为 1979 年以前建造；②部分砖木结构工业建筑主体为易燃材料构成，线路老化，自身防火性能较差
	潜在污染影响	对原工业产业可能存在的污染未经有效检测和治理直接投入使用，部分棕地未进行处理，存在一定的安全隐患
经济问题	改造成本偏高	改造中未能充分利用既有建筑结构和材料；设计不合理、过度装修

主要问题	具体表现	原因分析
社会问题	原建筑保护与利用不足	再生中未能保护原建筑的历史价值，只是简单进行建筑功能改造，未进行合理装饰装修，建筑老化、工业污染遗迹等影响建筑美观；改造时装饰未能充分利用原建筑特点，采用大量装饰构件遮蔽既有建筑，改造风格怪异；使用不当造成建筑外观及结构的破坏
社会问题	配套设施不齐全	原建筑配套设施的缺乏在改造过程中未得到充分考虑，或原建筑结构构造限制，导致在卫生间、停车位、道路路灯等配套设施设置不齐；普遍忽略了无障碍设计，未设置电梯，存在一定程度的使用不便
环境问题	建筑能耗高	建筑再生过程中，保温隔热层及室内构造改造不当，同时多数单层厂房属于大体量建筑，室内散热较快，冬季需更多能耗保证室内温度；另外，旧工业建筑的主要再生模式为出租型的创意园区，运营中产生的能耗费用一般按面积摊派给用户，因此节能积极性较差
环境问题	原有建材利用率低	部分经检测仍具有结构可靠性的建筑被拆除，原有建材未得到充分利用；可被循环利用的材料未得到有效再利用
环境问题	物理环境较差	由于原工业建筑功能对保温隔热、通风照明要求特殊，往往不能满足改造后功能要求；建筑构造特殊，空间层高较高，保温效果差
环境问题	室外环境较差	周边环境差；绿地率低；对原有林木保护不足

上述问题部分可见于图 1.38 中。

（a）外皮脱落钢筋外露

（b）墙体开裂

（c）建筑观感较差

（d）层高过高导致保温效果差

（e）绿化不足

（f）周边环境差交通不便

图 1.38　旧工业建筑再生项目存在问题汇总

（2）改善措施分析

由表 1.6 可以看出，旧工业建筑再生中存在的问题集中在安全、经济、社会、环境四个方面上，在保证建筑安全的前提下，应通过提高建筑的建筑观感、环保性能和使用舒适度改善旧工业建筑的再生效果。而安全问题，究其根本，主要是由于旧工业建筑再生利用过程中，缺乏一套严格严谨的审批程序，政府的监管职能未得到可靠发挥，导致再生项目缺乏标准规范的强制约束。即安全问题可以通过规范旧工业建筑再生利用项目的审批流程来保证。图 1.39 即为通过调研总结的旧工业建筑再生利用项目的合理开发流程。

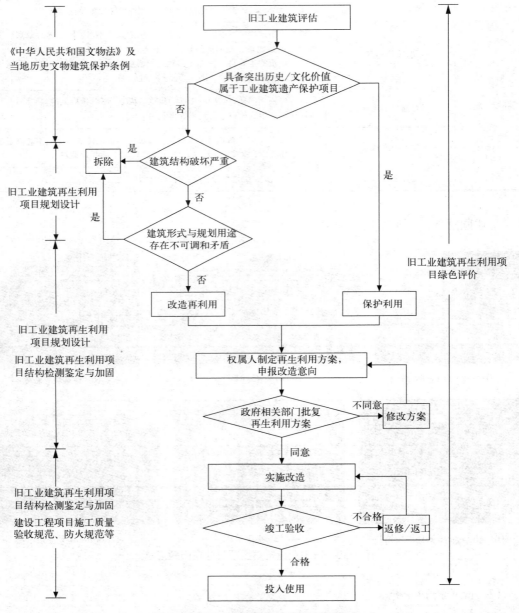

图 1.39 旧工业建筑再生利用开展程序

而经济、社会、环境问题则恰恰是绿色建筑概念中进行约束的核心内容，如图 1.40 所示，通过对旧工业建筑在节能效果、环境保护、适用性匹配三方面的约束，可以有效提高项目的经济效益、环境效益和社会效益。综上，当按照绿色建筑的一般标准来进行旧工业建筑再生建设即可有效避免上述问题的产生。

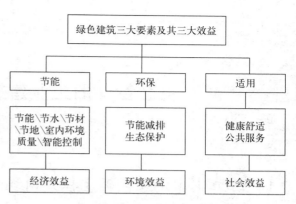

图 1.40　绿色建筑的要素及效益

第 2 章　旧工业建筑绿色再生模式

2.1　旧工业建筑绿色再生模式内涵

2.1.1　旧工业建筑绿色再生模式概念

　　再生利用是对原有建筑的再次开发利用，它是在原有建筑非全部拆除的前提下，全部或部分利用原有建筑物实体进行改造以满足新的功能，并相应保留其承载的历史文化内容的一种建造方式。再生利用模式即旧工业建筑再生利用后新的功能。常见的再生利用模式包括创意产业园、博物馆等展览馆、商业、公园绿地、艺术中心、学校、办公、住宅、宾馆等。

　　绿色再生模式有宏观和微观两个视角。宏观视角看，绿色再生模式指再生过程中，能够根据旧工业建筑的特征（包括内部和外部特征），科学合理选择再生后的功能，以最大化地发挥原建筑的社会价值、经济价值和环境价值。微观视角上看，绿色再生模式是指再生功能为公园绿地等绿地率高，或者是进行功能设计时，按照绿色建筑的核心要求来进行功能设计，可以直接改善环境的开发模式。本书中的绿色再生模式，主要是从宏观视角进行定义的。

2.1.2　旧工业建筑再生模式现状

　　我国旧工业建筑再生利用主要模式包括创意产业园、博物馆等展览馆、商业、公园绿地、艺术中心、学校、办公、住宅、宾馆等。结合建筑类型对其再生模式进行分析，见图 2.1（由于学校这类大体量的再生模式的选择主要依据厂区占地面积大小确定，所以图中未列及）。

　　由图 2.1 可见，受建筑特点和目标功能匹配度的影响，不同建筑类型对应的再生模式有一定规律可循。不同类型的旧工业建筑及其适用的再生模式见表 2.1。

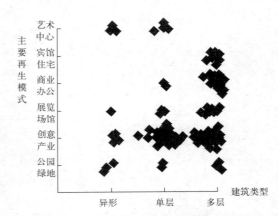

图 2.1　旧工业建筑再生利用项目建筑类型与再生模式

旧工业建筑一般分类及其使用模式　　　　　　　　　　　　　　　　表 2.1

分类	单层厂房	多层厂房	异形工业建筑
特点	跨度大，层高高，内部空间宽敞，结构多为框架或排架结构，结构坚固，围护结构多不承重，屋顶多设天窗，屋顶结构复杂，立面简单	多采用框架结构，结构坚固，围护结构不承重，跨度、层高较单层厂房较小，屋顶一般不设天窗，屋顶结构简单	形体特殊，空间复杂，往往呈现出特殊的具有冲击力的视觉感受（水泥塔、瓦斯储气罐、高炉烟囱等）
再生模式	适用于需要开敞空间的公共建筑，如博物馆、产业园、艺术中心、训练场、超市等	适用于没有大尺度空间要求的建筑，如办公楼、商场、公寓等	适用于创意型模式。如区域性地标建筑、公园绿地、室内剧院、娱乐场所、创意产业等
典型案例	如北京 798 艺术区、西安大华· 1935、宁波美术馆等	如深圳南海意库、苏州登琨艳工作室等	如上海徐家汇公园、外滩 1 号酒吧、当代艺术博物馆等

　　调研旧工业建筑再生利用项目再生模式分布情况如表 2.2 所示。其中改造为创意产业园项目居多，占总调研项目的 42.71%。从表 2.2 中可以看到，因突破常规的艺术空间特质和创意产业的创新精神不谋而合，旧工业建筑顺其自然地成为创意产业的空间载体，同时在相关政策的支持下，在我国再生项目中有很大比例被改造为创意产业园区，并得到了较好的使用效果和经济效益。创意产业、艺术类 LOFT 等本身追求特殊气质的工作场所，旧工业建筑独特的风韵充分迎合了其功能需求，经过合理改造，往往可以迸发出别具一格的建筑氛围。

调研旧工业建筑再生项目再生模式汇总表　　　　　　　　　　　　表 2.2

功能模式	比例	功能模式	比例
创意产业园	42.5%	学校	2.8%
博物馆等展览馆	11.3%	办公	4.7%
商业	7.5%	住宅	2.8%
公园绿地	6.6%	宾馆	13.2%
艺术中心	5.7%	其他	2.8%

其他 3%
宾馆 13%
住宅 3%
办公 5%
学校 3%
艺术中心 6%
公园绿地 7%
商业 7%
博物馆等展览馆 11%
创意产业园 42%

2.1.3　旧工业建筑再生模式影响特征因素

　　旧工业建筑再生利用项目的开展遍及全国多个城市，而各地区经济、文化、地理环境以及相应的政策法规多有差异，所以影响项目再生利用模式选择的特征因素多而复杂，需要通过大量分析工作将这些因素提炼、分解与归类。本书通过对以往建设工程类似的决策分析影响因素汇总分类，遵循科学性、系统性、独立性、代表性、可行性以及可量化等因素确定的基本原则，并结合旧工业建筑再生利用项目的本质特征，以及考虑到调研的难易程度和成果收集的完成度，对影响再生利用模式决策的特征因素进行设定。

设定的特征因素分为两大类。一类是定量化因素，包括厂区占地面积、工业建筑面积、容积率、绿化率、已（待）安置工人数量、厂区原基础设施利用率等旧工业厂区的基本状况；各旧建（构）筑物结构形式、可靠性鉴定等级等基本情况；厂区所在区域的功能划分和周边区域的基本经济、社会、交通与环境等基本状况描述。另一类主要是相关支持鼓励政策和限制条件等非定量（定性）化因素。对于定量因素，应用一定数学方法对其重要性、独立性及系统性进行分析后，可将其用于模型的理论分析之中。而对于定性因素，难以直接用于决策模型的推理过程，可在理论决策完成之后作为限制条件对决策方案进行调整，没有相关政策的地区可不做该项分析。

2.2 旧工业建筑再生基本模式

通过对 22 个国内旧工业建筑再生利用重点城市的 96 个再生利用项目（其中 7 个项目处于闲置且有改造意图状态）的详细调研，和对国内外相关研究文献的分析之后发现，在当前国内外进行旧工业建筑再生利用时，主要再生模式有创意产业园、大中型超市或商业广场、办公（写字）楼、博物馆、公园绿地、艺术展览中心、音乐厅、体育场所、学校、宾馆、医院、住宅等，其中项目再生利用模式数量上以创意产业园居多。

在对国内旧工业建筑项目再生利用模式调研统计以及归类综合的基础上，结合国内再生利用项目开发实际情况，本书通过应用 SWOT 分析法[14]（态势分析法）对再生利用模式进行理论分析，建立各种再生利用模式的 SWOT 矩阵，分别对其 S-O（优势 - 机会）组合、S-T（优势 - 威胁）组合、W-O（劣势 - 机会）组合和 W-T（劣势 - 威胁）组合进行比较分析，确定各种模式在旧工业建筑再生利用项目中应用的可能性。最终确定出式 (2-1) 所示 8 种可能的改造模式。

$$Z = \left[z_1, z_2, z_3, z_4, z_5, z_6, z_7, z_8\right]^{\mathrm{T}}$$

$$= \begin{bmatrix} 创意设计产业园 \\ 综合商业区 \\ 博物馆及遗址公园 \\ 音乐厅及艺术展览中心 \\ 体育活动中心 \\ 宾馆 \\ 学校 \\ 房地产开发 \end{bmatrix} \qquad (2\text{-}1)$$

式（2-1）中的再生利用模式用途涵盖了设计办公、商业服务、历史遗址保护、艺术文化交流、体育娱乐、居住、教育培训等方面。

（1）创意设计产业园

创意设计产业园，又称创意园、创意产业园等，是创意产业集聚的载体，其主要构成有相关文化创意设计方面的企业，有提供高科技技术支持（如数字网络技术）的企业，有国际化的策划推广和信息咨询等中介机构，还有从事文化创意产品生产的企业和在文化经营方面富有经验的经纪公司等。根据具体集聚产业的不同，还有文化创意产业园等二级划分。这种相互接驳的企业集群，构成立体的多重交织的产业链环，有利于提高创新能力和经济效益。

作为创意产业的载体，创意产业园本身对空间的需求较为灵活，需要开敞、灵活、特色空间作为承载创意的直接平台。旧工业建筑以其开敞、奔放的空间，粗犷的工业建筑风格，成为创意产业选址时的主要方向之一。如由陕西钢铁厂部分厂房改造的老钢厂设计创意产业园（图 2.2）。

（a）老钢厂设计创意产业园外景　　　　　　　　（b）老钢厂设计创意产业园内景

图 2.2　老钢厂设计创意产业园

（2）综合商业区

综合商业区是城市中市级（或区级）商业网点比较集中的地区。它既是本市居民购物的中心，也是外来旅客观光、购物的中心。中国原有的一些城市已形成了各具特色的商业区，如北京的王府井、大栅栏地区，上海的南京路、淮海路地区，天津的劝业场地区等。发达国家大城市有中央商务区（简称 CBD），是商品经济高度发达的产物。它集中着商业、金融、保险、管理、服务、信息等各种机构，是城市经济活动的核心地带，其职能较一般的商业区复杂。在一些国际性的大城市，中央商务区所在地往往也就是城市中最大的中心商业区。

旧工业建筑群再生为综合商业区往往是一种"自下而上"式开发模式的带动。即由于旧工业建筑具有的区位和租金优势，原厂房产权所有者自发更改原工业用途作为商用以获取更高的利润回报。不断壮大的商业群结合旧工业建筑的历史背景、建筑特色，逐步成长为城市的综合商业区。如上海市由原作坊小厂群再生利用形成的"田子坊"（见图2.3）。

（a）田子坊入口之一   （b）田子坊内景

图2.3　田子坊

（3）博物馆及遗址公园

博物馆、遗址公园是征集、典藏、陈列和研究代表自然和人类文化遗产的实物的场所，并对那些有科学性、历史性或者艺术价值的物品进行分类，为公众提供知识、教育和欣赏的场所及地点，是展示、记录文化、文明的物理平台。

工业的文明是人类文明的重要组成部分，同样记录着一个城市、一个国家发展的点滴历程，是研究人类发展、工业进步的重要依据。工业建筑作为工业文明的物质载体，能够更加生动、形象地展现工业文明，是对工业历史更为完整的保留。作为承载着几代人记忆的工业建筑，再生利用为博物馆（如由原沈阳铸造厂再生的沈阳中国工业博物馆，见图2.4）或遗址公园（如由原粤中造船厂再生的中山岐江公园，见图2.5）成为有价值的工业建筑再生时的主要模式。

（a）沈阳中国工业博物馆外景   （b）沈阳中国工业博物馆展品

图2.4　沈阳中国工业博物馆

(a) 中山岐江公园全景图　　　　　　　　(b) 中山岐江公园内保留的工业展品

图 2.5　中山岐江公园

（4）音乐厅及艺术展览馆

音乐厅及艺术展览馆都是展示各种形式艺术作品的平台，需要开敞的空间和别具一格的建筑风格。旧工业建筑恰恰符合这两点基本要求。但由于此类建筑对物理环境的特殊要求，在再生设计中需要进行针对性的改造以更好地适应新功能需求，在声、光、温度、湿度等各方面满足音乐、艺术展览的质量要求。如由原上钢十厂再生的上海城市雕塑艺术中心，见图 2.6。

(a) 上海城市雕塑艺术中心全景　　　　　(b) 上海城市雕塑艺术中心内景

图 2.6　上海城市雕塑艺术中心

（5）体育活动中心

体育活动中心是进行运动训练、运动竞赛及身体锻炼的专业性场所，是为满足运动训练、运动竞赛及大众体育消费需要而专门修建的各类运动场所的总称。体育馆作为体育运动的物质载体，为体育事业的发展起到了不可替代的作用，其造型独特、空间宽敞，给人以震撼的视觉冲击。随着社会的发展，体育馆由于投资巨大、政府投入不足远远无法满足人们的需要。

旧工业建筑跨度大、层高高、体量大，在空间结构上与体育活动中心具有一定的相似性，且改造难度不大，再生成本较低。再生为体育场馆成为旧工业建筑再生利用的又一基本模式（见图 2.7）。在国家体育总局官网 2016 年发布的"十二五"期间体育场馆运营和对外开放方面的进展以及"十三五"期间的计划举措中，提到在"十三五"期间将重点建设一批便民利民的中小型体育场馆，其中，专门指出，可以充分利用旧厂房、仓库、老旧商业设施等闲置资源改造建设为健身场地设施，合理做好城市空间的二次利用。

图 2.7　旧厂房再生而成的体育场馆（图片来自于网络）

（6）宾馆

旧工业建筑再生利用为宾馆的多为经济型快捷酒店。由于旧工业建筑空间完整、便于分割，可以满足宾馆建设的基本要求。某些具备区位优势、结构完整的旧工业建筑，宾馆成为其可选择的主流再生模式之一。

以 2005 年上海市静安区恒隆广场附近的旧厂房为例。厂房建筑面积为 6000m²，租期 15 年，租金为 0.7 元 /m²/ 天。投资者花费 1800 万元将其改造为一家含 70 个标准间、50 个单间的经济型酒店，房价 140 ~ 200 元 / 间，出租率约为 85% ~ 90%，经营利润率达 45%。每年平均有 600 万元的收入，除去运营成本 180 万元，每年可有 10% 的回报率。一般的酒店需要 8 ~ 10 年才能收回投资，而这种成功的改造项目仅需 5 ~ 6 年即可收回成本。这种利用旧厂房特性进行的简单改造在经济上的优势，成为旧工业建筑再生为宾馆酒店的巨大动因。如原唐华一印内建筑再生的"春秋舍设计师酒店"（见图 2.8（a））及原陕钢厂内厂房改造的左右客酒店（见图 2.8（b））。

（a）春秋舍设计师酒店　　　　　　　　（b）左右客酒店

图 2.8　厂房再生而成的宾馆酒店

（7）学校

对于大体量的旧工业建筑厂区，其占地面积大、建筑群广，可以充分满足教学园区对包括教学楼、操场、图书馆、食堂等基础设施的需求，成为学校选址的载体之一。但这类改造模式对旧工业建筑的占地面积要求较高，对建筑结构可靠性要求较低，通常只有面积较大的旧工业建筑群才可选择此类模式进行再生。如原陕钢厂再生的西安建筑科技大学华清学院，见图 2.9。

图 2.9　西安建筑科技大学华清学院鸟瞰图

（8）房地产开发

当作为房地产开发这一模式时，意味着将不再保留原旧工业建筑，采用推倒重建的方式进行处理。严格上说，这不是再生利用的一种。此时，仅利用原工业建筑用地，而不再考虑对原建筑的保护或利用，和旧工业建筑再生利用的可持续思想相悖。但由于房地产开发属于旧工业建筑处理的主要手段，所以本书专门列出，以明确旧工业建筑的各类处理手段。如原陕钢厂部分厂房推倒重新建设的华清学府城住宅小区，与陕钢厂综合再生的教学园区、创意园区业态互补、相互促进、相互激发——各再生模式相互依托，互成配套，形成完整作业区，提高内需，消化一定的内部资源。校园为房地产住户提供了便捷的学区资源和良好的教育氛围，房地产又为学校师生及家属、创意园区的工作人员提供居住的场所；校园内师生以及房地产住户是创意园区的目标消费群之一，需要实习的学生又是创意园区的经济劳动力，而创意园区也为校园内师生购物、实习提供了便捷的平台。对周边业态模式、区位价值起到了积极的影响与提升作用。

旧工业建筑再生利用项目在进行模式选择决策分析时，应先对旧工业建筑的再生利用价值进行判断。为了便于决策分析，考虑到对于没有再生利用价值的旧工业建筑一般的处理方式就是推倒重建，也即进行房地产开发。研究将"房地产开发"模式作为旧工业建筑再生利用的一种特例，与其他再生利用模式共同作为项目开发的备选模式，参与方案比选。换句话说，没有再生利用价值的旧工业建筑对应"房地产开发"模式——推倒重建；而有再生利用价值的旧工业建筑对应其他7种可选模式。这样一来大大简化了项目的决策过程，实现了决策工具的便捷应用，便于决策者快速做出决断。但实际当中的决策模式比这个更为复杂。

2.3　旧工业建筑再生模式选择

2.3.1　旧工业建筑再生利用组合模式分析

通过对调研项目的可持续性进行评价，研究发现不同再生利用模式项目的可持续性表现是不尽相同的，而同一再生利用模式的不同项目最终的可持续性也是不同的，具体表现如图2.10（a）～（h）所示的8种形式。所谓"强经济"型是指在项目的可持续性评价中，项目的经济性表现较优而社会性与环境性表现相对较弱（图2.10中（a）～（c）定义类似）。所谓"弱经济"型是指在项目的可持续性评价中，项目的社会性与环境性表现较优而经济性表现相对较弱（图2.10中（d）～（f）定义类似）。"强均衡"型是指在项目的可持续性评价中，项目的经济性、社会性与环境性表现均较优而且各方面表现相对较为均衡。而"弱均衡"型是指在项目的可持续性评价中，项目的经济性、社会性与环境性表现均较差。从可持续发展的角度来讲，项目开发的最理想表现是"强均衡"型，而不期望出现"弱均衡"型项目。对于"非均衡"型（图2.10（a）～（f））项目，尚可对其做进一步调整，以提升项目的可持续性表现。

若项目选择单一性再生利用模式改造，其可持续性评价很可能表现为"非均衡"型或"弱均衡"型。而实际当中，进行再生利用项目的工业厂区，曾经都是当地的支柱性产业，所以其占用当地区域土地面积的比例也相当大，跨越多个功能区，若只进行单一模式的开发是很不切实际的，其结果也很不理想。那么，在实践过程越来越多的再生利用项目开始采取多项组合的开发模式，符合区域多功能区的发展需求。从项目的可持续性表现来讲，组合模式是对不同可持续性表现的子项目的有机结合。例如，将某种"弱经济"型模式与"强经济"型模式进行组合，从而才有可能实现"强均衡"型可持续性表现的再生利用项目。

而再生利用组合模式在项目中的划分比例，可按厂区原功能分区等天然划分，其比例直接按其各自占地比例确定即可。比如当输出的项目再生利用模式为$Z=[z_1, z_2, z_3, z_4, z_5, z_6, z_7, z_8]=[0.5, 0.3, 0, 0, 0, 0.1, 0, 0.1]$，即表示该项目50%的土地及其相应旧工业建筑用于创意设计产业园的改造，30%改造成为综合商业区，10%改造成了宾馆，另外剩余10%的厂地上原建（构）筑物已不适合再生利用，将推倒重建。需要注意的是，$z_1 \sim z_8$的取值范围均为[0，1]，且总和恒定为1。

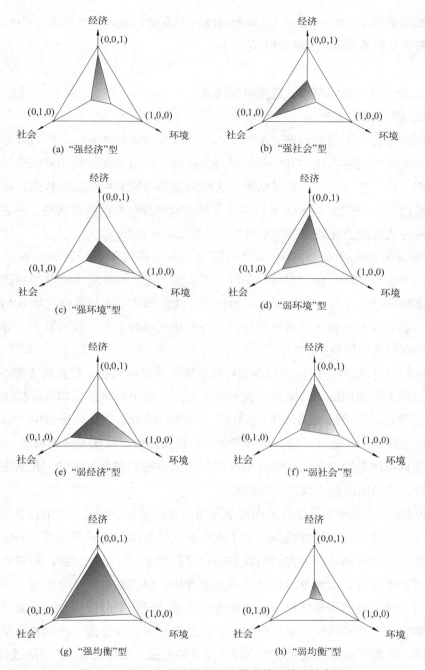

图 2.10　旧工业建筑再生利用模式的可持续性表现

　　本书综合考虑选用人工神经网络算法构建旧工业建筑再生利用模式选择模型。具体选用人工神经网络中的 BP 神经网络来实现该模型，一方面，主要考虑到 BP 神经网络是人工神经网络中比较成熟的分析模型，它能很好地实现模式影响因素和再生利用模式之间的高度非线性关系的函数逼近，确定再生利用模式的变化规律，而且可以通过不断学习提高模型的准确度；另一方面，BP 神经网络可对各特征因素的权重进行系统动态调整，避免了一般方法权重确定过程中的主观因素。

2.3.2 旧工业建筑再生利用模式选择模型构建

（1）BP 神经网络理论

神经网络全称人工神经网络（ANN，Artificial Neural Network），学习方法分有导师学习和无导师学习两种方法。有导师的学习方法是将网络的实际输出和期望输出（导师信号，见图 2.11）进行比较，并根据两者之间的差异来调整网络连接权值，最终使差异降到要求范围。ANN 通过神经元可以构成各种不同拓扑结构的神经网络，不过根据主要连接形式可分为前馈型神经网络（见图 2.11）和反馈型神经网络。

1986 年，由 Rumelhant 和 McClelland 提出了多层前馈型神经网络的误差反向传播（Error Back Propagation）学习算法，简称 BP 算法，它是一种采用前馈型神经网络的结构形式的多层网络的逆推学习算法。采用这种算法的前馈型神经网络也称 BP 神经网络。它依靠着其误差反向传播多层网络的特点，在预报或函数逼近、模式鉴别与分类、聚类及预测等方面得到广泛应用。

BP 算法一般由信号正向传播与误差反向传播两个过程组成。在正向传播中，输入样本从输入层进入神经网络，经隐含层传至输出层，若输出层神经元的实际输出与期望输出不相同，则转向误差的反向传播；若相同，则学习结束。在反向传播中，将误差 E 按网络反向逐层传递，并通过调节各层神经元的权值及阈值，使误差降到最低。BP 神经网络的学习与训练就是通过各层神经元的权值与阈值不断调整来实现的，在规定训练次数内反复调整，使输出误差达到设定的程度。

BP 神经网络最基本的算法应是梯度下降法，它阐述的是误差沿当前计算出的梯度相反方向下降，可达到最快速地减少。为了实现各权值及阈值的逐步调整，必须同时修正每一个梯度。一般可通过两种方法对误差梯度进行修正，一是遍历法，即输入一个样本对连接权值和阈值做一次调整，优点是调整速度快，缺点是对于复杂问题，可能导致振荡或不稳定，而且要达到最优权值或阈值会比批量学习花费时间更长。批量学习是在所有训练样本完成一次训练时，求得总误差，以总误差对各权值做一次调整。批量学习应用最为广泛，适用于高精度映射，本书即选用这种方法，采用动量 BP 算法进行建模。

理论上讲，一个 BP 神经网络可以具有多层隐含层，而且随着隐含层数的增加可进一步提高网络精度，降低误差，但是同时也会增加网络的复杂程度以及训练时间。以往对神经网络的研究已经证明，对于只有一个隐含层的 BP 网络，在不限制其隐含层神经元数量的情况下，通过对神经元数的调试，BP 网络就可以以一定期望精度逼近任意一个复杂的非线性模型，而且操作较为方便，应用广泛[15~17]。本书即选用仅有一个隐含层的三层 BP 神经网络模型（如图 2.11 所示）。

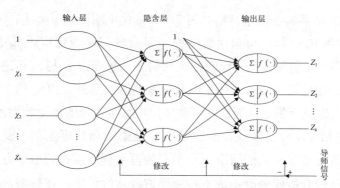

图 2.11　旧工业建筑再生利用项目的 BP 神经网络模式选择模型

（2）再生利用模式选择模型输入层节点

该模型的输入层各节点为影响旧工业建筑再生利用模式选择的各特征因素，根据对全国调研收集的信息进行分析，最终共确定 17 个特征因素，所以输入层共 17 个节点，如式（2-2）所示。输入样本数据的量化方法是参考文献 [18] 有关输入向量量化标准制定方法以及应用德尔菲法最终研究制定了表 2.3 的特征因素数据量化标准。通过对旧工业建筑再生利用项目进行网络调研、现场调查以及专家问卷调研，最终获取大量可靠的输入样本数据。

$$X = [x_1, x_2, \ldots, x_{17}]^{\mathrm{T}}$$

$$= \begin{bmatrix} 厂区占地面积 \\ 工业建筑面积 \\ 改造成本 \\ 结构形式-钢混单厂 \\ 结构形式-钢结构单厂 \\ 结构形式-砖混单厂 \\ 结构形式-多层砖混或框架 \\ 结构可靠性鉴定等级 \\ 厂区原基础设施利用率 \\ 地域功能-办公区 \\ 地域功能-居住区 \\ 地域功能-商业服务区 \\ 地域功能-旅游及保护区 \\ 区域交通便利程度 \\ 区域经济发达程度 \\ 区域社会文明程度 \\ 区域生态环境状况 \end{bmatrix} \quad (2\text{-}2)$$

针对式（2-2）中各特征因素，结合表 2.3 的量化说明做如下阐述：

1）厂区占地面积 x_1 和厂房总建筑面积 x_2 是反映旧工业建筑内部特征的基本指标，由于考虑到实际当中工业建筑物中以单层厂房居多，故而由 x_1 与 x_2 可进一步测算出厂区内其他建筑指标，如建筑密度、绿化率以及容积率等。另外，由 x_2 结合厂房结构形式可以测算出改造后的建筑面积，从而进一步确定出项目可选择的再生利用模式范围。

2）通过调研和理论分析发现，改造成本 x_3 是影响项目再生利用模式决策的重要因素之一。在其他条件基本相同的情况下，不同的再生利用模式的单平方米造价差异比较明显。为了便于比较分析此处改造成本按单平方米造价设定。在模型应用时，决策者可根据项目实际投资计划，估算项目单平方米造价进行输入。

3）厂房的实际结构形式多样，而再生利用模式决策分析模型只选定了 $x_4 \sim x_7$ 种结构形式，是因为实际改造过程中出现的结构形式以表 2.3 中所列 4 种情况为主，需要注意的是 4 个特征因素数值的和应为 1。

4）"结构可靠性鉴定等级"项 x_8 反映了结构可能的加固程度（改造力度）和改造成本的大小，进而影响到项目应采取的合理再生利用模式。比如结构等级若达到四级及以上说明推倒重建的可能性就很大。量值主要依据国标《工业建筑可靠性鉴定标准》GB 50144—2008 要求设定。

特征因素数据量化标准 表 2.3

特征因素	符号	量值	量化标准
厂区占地面积	x_1	m²	根据原厂区实际规划面积确定
工业建筑面积	x_2	m²	将原厂区所有旧工业厂房建筑面积加和求得
改造成本	x_3	元/m²	已改造项目按实际记取，拟改造项目按估算记取
结构形式	x_4	[0, 1]	钢筋混凝土结构单层厂房占厂区内总厂房建筑面积的比例
	x_5	[0, 1]	钢结构单层厂房占厂区内总厂房建筑面积的比例
	x_6	[0, 1]	砖混结构单层厂房占厂区内总厂房建筑面积的比例
	x_7	[0, 1]	多层砖混结构或框架结构厂房占厂区内总厂房建筑面积的比例
结构可靠性鉴定等级	x_8	1	厂区内所有工业建筑结构可靠性鉴定等级均为一级
		0.75	厂区内部分工业建筑结构可靠性鉴定等级为一级，部分为二级
		0.5	厂区内部分工业建筑结构可靠性鉴定等级为二级，部分为三级
		0.25	厂区内部分工业建筑结构可靠性鉴定等级为三级，部分为四级
		0	厂区内所有工业建筑结构可靠性鉴定等级均为四级

续表

特征因素	符号	量值	量化标准
厂区原基础设施利用率	x_9	[0, 1]	根据现状测定或评定对厂区原有的道路、管网的使用率，以区分对原有基础设施的破坏程度和增补程度
地域功能	x_{10}	1	旧工业建筑全部或部分处于行政或商业办公区域
		0	旧工业建筑未处于行政或商业办公区域
	x_{11}	1	旧工业建筑全部或部分处于生活居住区域
		0	旧工业建筑未处于生活居住区域
	x_{12}	1	旧工业建筑全部或部分处于商业休闲消费区域
		0	旧工业建筑未处于商业休闲消费区域
	x_{13}	1	旧工业建筑全部或部分处于旅游、遗址或生态保护区域
		0	旧工业建筑未处于旅游、遗址或生态保护区域
区域交通便利程度	x_{14}	1	厂区周边交通发达，方便通行
		0.5	厂区周边交通状况一般，通行较少受阻
		0	区周边交通不便于通行，与外界通行道路少
区域经济发达程度	x_{15}	1	区域经济很发达，区域居民收入水平居全国或城市前列
		0.5	区域经济发达程度一般，区域居民收入水平居全国或城市中等
		0	区域属经济欠发达区，居民收入普遍较低
区域社会文明程度	x_{16}	1	区域人文、教育、公共卫生环境良好，居民普遍受教育程度高，区域社会安定和谐
		0.5	区域人文、教育、公共卫生环境一般，居民受教育程度一般，区域社会安定和谐状况一般
		0	区域人文、教育、公共卫生环境差，居民普遍受教育程度较低，区域社会安定和谐状况较差
区域生态环境状况	x_{17}	1	区域生态环境保护良好，绿化率高，空气、水资源等良好
		0.5	区域生态环境保护程度一般，绿化率处平均水平，空气、水资源等保护一般
		0	区域生态环境保护程度很差，绿化率低，无保护空气、水资源等意识

注：表中按状态程度分级区分的特征因素，受访者依据程度不同，可做进一步细化。

5）厂区原基础设施的利用率 x_9 不仅能够反映出原厂区旧建筑（群）保存的完整度和厂房改造前后新旧功能的切合度，而且直接影响着改造成本的大小，所以 x_9 是影响项目再生利用模式选择的多种因素的综合体。

6）地域功能中 4 项特征因素 $x_{10} \sim x_{13}$ 主要用来确定厂区所处功能分区（外部因素）对再生利用模式选择的影响，由于厂区占地面积大，存在横跨多个功能区的可能，但是所占比例难以确定，所以量值仅确定其主要所处哪几个区。

7）不同的开发模式对项目周边区域交通便利程度 x_{14} 的要求是有较大区别的。实际当中对 x_{14} 量值的确定可根据厂区周边道路的等级、幅度、数量以及厂区与道路对接的出入口数量综合考量。另外，数据提供者可根据现场实际情况对各个量值做进一步细化。

8）厂区所处区域自身的经济、社会、环境状况 $x_{15} \sim x_{17}$ 对项目最终的再生利用模式确定影响很大。对这一组数据的确定，一者可按表 2.3 中要求原则确定特征因素量值；另外，也可以将区域其他再生利用项目或是本项目的阶段成果的效果评价数值作为特征因素量化的参考依据。

9）影响项目再生利用模式选择的特征因素很多，但通过调研和理论分析发现，调研罗列的部分特征因素最终可综合到表 2.3 的 17 项因素中，部分在实际应用中影响作用并不大，所以皆被剔除。

（3）再生利用模式选择模型隐含层节点数

理论上讲，一个拥有无限节点数量的三层 BP 神经网络（仅一个隐含层）可以做到任意复杂的非线性映射。可是对于一个只有有限输入 / 输出的 BP 网络来说，隐含层无需太多的节点，因为隐含层节点太多会导致训练时间过长，造成不必要的浪费；不过节点太少又会造成网络容错性差以及对新样本识别性能低。然而对于隐含层节点数的确定问题目前依然没有一个很好的解析式来解决它。通常来说，隐含层的节点数与模型结构、求解问题的要求、输入 / 输出节点数等都有直接关系。一般都是根据前人的经验公式总结并结合试验，最终才能确定出隐含层节点数。以下是两个由前人经验总结的关于确定隐含层节点数的经验公式：

$$n_2 = \sqrt{n_1 + n_3} + a \tag{2-3}$$

其中 n_1、n_2 与 n_3 分别是指输入层、隐含层和输出层的节点数，a 是一个介于 1 ~ 10 之间的常数。

$$n = \begin{cases} n_1 + 0.618\,(n_1 - n_3), & n_1 \geqslant n_3 \\ n_3 + 0.618\,(n_3 - n_1), & n_1 < n_3 \end{cases} \tag{2-4}$$

上式中，n_1、n_2 及 n_3 与式（2-3）中含义相同。

本书在参考以上两个公式的基础上，通过研究开发的软件进行多次运算，最终确定最合适的隐含层节点数。

（4）再生利用模式选择模型输出层节点

旧工业建筑再生利用模式选择模型输出层共有 8 个节点，分别是创意设计产业园、综合商业区、博物馆及遗址公园、音乐厅及艺术展览中心、体育活动中心、宾馆、学校以及房地产开发，表达式为 $Z = [z_1, z_2, z_3, z_4, z_5, z_6, z_7, z_8]$，其输出数据即为旧工业建筑再生利用模式类别的比例。如前文所述，再生利用组合模式在项目中的划分比例，可按厂区原功能分区等天然划分，其比例直接按其各改造模式功能区域的占地面积比例确定即可。所以 $z_1 \sim z_8$ 的取值范围均为 [0，1]，且加和总量为 1。此处决策者可做两种考虑：①按实际输出比例进行组合模式改造；②可按占输出结果比例最大的相应模式进行单一模式改造。

（5）再生利用模式选择模型传递函数及训练方法

在 BP 神经网络中，常用的函数一般是非线性函数 logsig 和 tansig 函数，两个函数的表达式分别见式（2-5）和式（2-6）。

$$f(u) = \frac{1}{1 + e^{-u}} \tag{2-5}$$

$$f(u) = \frac{1 - e^{-u}}{1 + e^{-u}} \tag{2-6}$$

由于二者的输出值范围被限制在（0，1）和（-1，1），有时不能满足实际需要，所以也会用到纯线性函数。但是本研究的输出值是介于 0 ～ 1 之间，所以用 logsig 和 tansig 函数即可满足要求。

考虑到样本输入数据量级和量纲的不统一，可能会影响到模型的收敛效果和运算时间，所以对各特征因素量值进行规范化处理。

2.4　旧工业建筑再生利用模式选择模型

2.4.1　再生利用模式选择模型样本数据处理

应用旧工业建筑再生利用项目效果评价模型对调研收集的 96 个项目进行效果评价之后，能够通过评价的项目数量有限。对通过评价的项目的再生利用模式选择相关数据进行整理分析，剔除数据离差较大的项目后，剩余 36 组有效项目数据，也即 36 组样本数据，用 P1 ～ P36 表示。36 个项目的信息数据采集发放了大量的调研问卷，每一项目都能回收到多份有效问卷。在实际调研过程中，调研信息采集对象包括各地政府主管部门（规划局、土地局和经信委等部门相关负责人）、项目投资方、相关设计师、后期运营管理者以及从事该方面研究的科研人员等。而且在调研中发现，不同的对象在对项目决策影响因素理解深度层面上差异不明显，主要是被访对象对问题的理解角度不同或是个人所熟知范围不同，也即在一个大样本空间的基础上，个体的差异不大。所以，为了避免了主观赋权带来弊端，对于同一项目不同对象给定的同一主观特征因素的数据，稳妥起见按均权处理，同时结合调研人员的现场实际观察与相关史料收集分析，最终确定出表 2.4 中项目的每组数据。考虑到篇幅原因，表 2.4 中暂列出了 36 组样本输入 / 输出数据中的 24 组，以供参考。

表 2.4

再生利用模式选择模型样本输入/输出数据

特征因素＼项目	P_1	P_2	P_3	P_4	P_5	P_6	P_7	P_8	P_9	P_{10}	P_{11}	P_{12}	P_{13}	P_{14}	P_{15}	P_{16}	P_{17}	P_{18}	P_{19}	P_{20}	P_{21}	P_{22}	P_{23}	P_{24}
X_1	0.94	0.55	0.24	0.48	0.65	0.45	0.64	0.73	0.85	0.31	0.89	0.44	0.93	0.15	0.15	1	0.32	0.39	0.21	0.11	0.35	0.37	0	0.36
X_2	0.82	0.45	0.19	0.35	0.53	0.33	0.57	0.65	0.73	0.24	0.74	0.32	0.75	0.08	0.09	1	0.27	0.34	0.12	0.05	0.31	0.27	0	0.31
X_3	0.09	0.51	0.78	0.62	0.41	0.65	0.37	0.31	0.26	0.74	0.2	0.67	0.15	0.89	0.86	0	0.71	0.68	0.82	0.92	0.7	0.71	1	0.68
X_4	0.9	0.6	0.55	0.28	0.6	0.32	0.7	0.8	0.82	0.58	0.85	0.35	0	0.4	0.35	1	0.63	0.68	0.49	0.35	0.65	0.4	0.25	0.66
X_5	0	0	0	0	1	1	1	0	0	0	0.85	0	0.9	0	0	0	0	0	0	0	0	0	0	0
X_6	0.1	0.2	0.45	0.72	0.15	0.68	0.3	0.2	0.18	0.42	0.15	0.65	0.1	0.6	0.55	0	0.37	0.32	0.51	0.65	0.35	0.6	0.75	0.34
X_7	0	0.2	0	0	0.25	0	0	0	0	0	0	0	0	0	0	0	0	0	0	0	0	0	0	0
X_8	0.9	0.7	0.6	0.6	0.8	0.65	0.75	0.8	0.5	0.65	0.3	0.7	0.25	0.55	0.55	0.9	0.65	0.75	0.6	0.5	0.7	0.75	0.5	0.7
X_9	0.55	0.36	0.19	0.34	0.41	0.32	0.43	0.49	0.51	0.21	0.54	0.31	0.55	0.13	0.15	0.6	0.24	0.29	0.16	0.12	0.27	0.25	0.1	0.27
X_{10}	0	1	1	1	1	1	1	0	0	0	0	0	0	0	0	0	0	0	0	0	0	0	1	1
X_{11}	1	1	0	1	1	1	1	1	1	0	0	0	1	0	0	1	0	0	0	1	0	0	0	0
X_{12}	0	0	1	1	1	1	0	1	1	0	1	0	1	0	0	0	0	0	0	0	0	0	1	1
X_{13}	0	0	0	0	0	0	0	0	1	1	1	1	1	0	0	0	0	0	0	0	0	0	0	0
X_{14}	0.5	0.7	0.8	0.7	0.6	0.75	0.6	0.6	0.5	0.8	0.4	0.75	0.4	0.9	0.9	0.25	0.75	0.75	0.85	1	0.7	0.8	0.9	0.75
X_{15}	0.25	0.6	0.9	0.7	0.6	0.7	0.6	0.5	0.4	0.75	0.4	0.75	0.4	0.9	0.85	0.25	0.75	0.75	0.9	0.9	0.7	0.75	1	0.7
X_{16}	0.25	0.6	0.8	0.65	0.5	0.7	0.5	0.5	0.4	0.75	0.4	0.7	0.3	0.85	0.8	0.25	0.75	0.7	0.85	0.9	0.7	0.75	0.9	0.7
X_{17}	0.25	0.6	0.85	0.65	0.5	0.7	0.5	0.5	0.5	0.8	0.4	0.7	0.3	0.8	0.85	0.25	0.75	0.7	0.8	0.8	0.7	0.75	0.85	0.75
Z_1	0	0.7	0.8	0.3	0.55	0.4	0.4	0.2	0	0.5	0	0.4	0.2	0.4	0.5	0.2	0.45	0.25	0.6	0.3	0.3	0.5	0.2	0.4
Z_2	0.4	0.15	0.2	0.1	0.15	0.1	0.5	0.5	0.5	0.4	0.3	0.15	0.8	0.6	0.5	0	0.35	0.25	0.4	0.7	0.3	0.2	0.8	0.25
Z_3	0	0	0	0	0	0	0	0	0.5	0	0.7	0	0	0	0	0	0	0	0	0	0	0	0	0
Z_4	0	0	0	0	0	0	0.1	0	0	0.1	0	0	0	0	0	0	0.2	0.5	0	0	0.4	0	0	0.35
Z_5	0	0	0	0	0.3	0	0	0.3	0	0	0	0	0	0	0	0	0	0	0	0	0	0	0	0
Z_6	0.6	0.15	0	0	0	0	0	0	0	0	0	0	0	0	0	0	0	0	0	0	0	0	0	0
Z_7	0	0	0	0.6	0	0.5	0	0	0	0	0	0.45	0	0	0	0.8	0	0	0	0	0	0	0	0
Z_8	0	0	0	0	0	0	0	0	0	0	0	0	0	0	0	0	0	0	0	0	0	0.3	0	0

2.4.2　再生利用模式选择模型的检测分析

本书对 BP 神经网络模型的训练及检测均是借助 MATLAB 软件神经网络工具箱及仿真编程得以实现。

BP 神经网络在 MATLAB 程序中的指令格式是：

$$net=newff$$

$$net=newff\ (PR,\ [S_1,\ S_2,\ \cdots,\ S_N],\ \{TF_1,\ TF_2,\ \cdots,\ TF_N\},\ BTF,\ BLF,\ PF) \qquad (2\text{-}7)$$

式（2-7）中各参数的意义是：PR 是指输入向量的取值范围；S_i 是指不包括输入层在内的第 i 层神经元的个数；TF_i 是指对应 S_i 所在层的传递函数，缺省值为 "tansig"；BTF 是指 BP 神经网络的训练函数，缺省值为 "trainlm"；BLF 是指 BP 神经网络中的权值及阈值的学习函数，缺省值为 "learngdm"；PF 是网络中的性能函数，缺省值为 "mse"。通过 $net=newff\ (\ )$ 指令即可建立一个 N 层 BP 神经网络。

（1）模型的训练

本书将 36 组样本数据中的 35 组作为评估模型的训练样本，每组数据由 17 个输入数据和 8 个输出数据组成，应用 MATLAB 软件编写 BP 神经网络仿真程序（见附录 2），建立再生利用模式选择模型进行训练。主要训练参数设置及过程如下：

1）网络层数：不包括输入层即为两层，所以 BP 神经网络指令格式式（2-7）中 N 的数值为 2；

2）由于本模型的输出数据对于有量纲的数据进行去量纲的归一化处理，其他无量纲数据均是介于 0 ~ 1 之间的数，所以隐含层和输出层可分别选用 BP 网络常用函数 tansig 与 logsig 函数；

3）训练函数选用以动量 BP 算法修正神经网络的权值和阈值的 "traingdm" 函数；

4）学习函数选择同种算法的权值和阈值学习函数 "learngdm"（附加动量因子的梯度下降法）；

5）考虑到样本的有限和工程项目的实际情况，将 BP 神经网络的误差性能目标值设定为 10^{-4} 足以满足工程需求；迭代次数为 30000 步；动量因子为 0.9；学习率 η 为 0.01；显示的间隔次数为 100；

6）输入样本数据进行训练时，为了保证模型高效的识别能力和容错能力，并能够在较短训练时间内达到预期误差目标值，必须要找出合理的隐含层节点数。本书通过借鉴隐含层节点数经验公式，并通过反复调试仿真程序，最终确定出在网络隐含层节点数为 26 个，训练次数为 13485 次，训练得到满意结果。在隐含层点数为 26 的情况下，得到如图 2.12 所示的

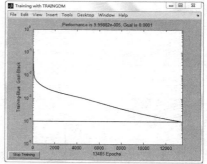

图 2.12　再生利用模式选择模型训练
的误差性能曲线

误差性能曲线。至此，再生利用模式选择模型训练完成。

（2）模型的检测分析

再生利用模式选择模型的检测是通过应用 36 组数据中剩余的一组数据输入模型之中，将输出结果与实际值进行比对以检测模型的有效性，检测结果分析如下：

网络输出 =[0.4019, 0.3082, 0.0023, 0.2757, 0.0009, 0.0003, 0.0017, 0.0090]；

期望输出 =[0.4, 0.3, 0, 0.3, 0, 0, 0, 0]；

所以，网络的均方误差为

$$MSE = \frac{1}{2N}[\sum_{i=1}^{N}(t_i - z_i)^2]$$
$$= \frac{1}{2 \times 8}[(0.4 - 0.4019)^2 + (0.3 - 0.3082)^2 + \cdots + (0 - 0.0090)^2]$$
$$= 0.0005$$

可以看出，网络输出和实际期望输出有一定的差异，但是其均方误差并不大。分析差异的存在主要原因有：1）由于模型的训练样本数量有限，所以模型训练的精度也比较有限；2）由于模型的分析属于决策理论分析阶段，未考虑区域政策等的影响，所以理论输出结果和实际存在一定合理差异。但是从模型的计算结果与实际对比来看，应用 BP 神经网络建立旧工业建筑再生利用模式选择模型足以满足工程要求，计算结果具有一定精度。具体算例见第 7 章。

第3章 旧工业建筑绿色再生设计

3.1 旧工业建筑绿色再生设计概念与原则

3.1.1 旧工业建筑绿色再生设计概念

从 20 世纪 90 年代开始，受到国外旧工业建筑改造的启示以及国内可持续发展观念的影响，旧工业建筑的改造利用逐渐受到人们的重视。经过这些年的发展，通过新功能的注入，不少旧工业建筑完成改造重获新生。但我们不难发现，我国大多数的旧工业建筑改造都还停留在使用功能以及艺术层面的改造，改造再利用过程中很少关注绿色建筑理念的应用，无法在低能耗的前提下，为人们提供一个舒适的室内环境，而且在建造过程中往往伴随着严重的资源浪费和环境污染。

为了贯彻落实可持续发展的概念，使旧工业建筑的改造不是一时的再生，而是可持续的再生，旧工业建筑绿色再生设计应运而生。旧工业建筑绿色再生设计是指将改造设计与绿色建筑技术紧密结合，以环境友好的方式改善室内环境，实现资源的可持续利用。具体来说，就是在可持续发展的前提下，在绿色再生设计过程中，尽量选择被动式节能技术以及天然材料，减少建筑垃圾以及建造过程对环境造成的影响。为人们提供一个节能、舒适、健康的使用环境，达到人、建筑、环境的和谐共生。

3.1.2 旧工业建筑绿色再生设计原则

由于旧工业建筑具有复杂多样的特点，改造和再利用的形式千差万别，为了更好地实现旧工业建筑的绿色再生，在改造设计中，我们必须建立相应的改造原则，将其纳入理性化、规范化的轨道上，改变以往存在的盲目性和随意性。在旧工业建筑的改造设计中应遵循以下原则，以满足经济、环境、能源、建筑单体、技术等多层次联动的要求，如图 3.1 所示。

（1）可持续发展的原则

绿色再生设计应遵循的首要原则即可持续发展。通过绿色再生设计，让改造后的旧工业建筑能够适应不断变化的人、城市、环境的多重需要，实现其可持续再生。为实现这一原则，主要通过适应气候的建筑设计手段、可再生能源及资源利用技术的应用、智能化技术的植入，使得闲置的旧工业建筑萌发出新的生机。

（2）绿色生态的原则

绿色生态原则与可持续发展原则类似，但各有侧重。可持续发展是通过合理设计，有效运用绿色技术手段，让建筑物在全寿命周期内实现四节一环保的目的。而绿色生态则是立足于整个生态环境的高度，它是绿色再生设计中的一个宏观的全局规划，旨在实现建筑与环境的和谐共生。

（3）促进区域复兴的原则

绿色再生设计不仅要实现旧工业建筑的重生，还要通过合理的规划，带动周边经济的发展，促进整个区域的复兴繁荣，只有这样，才能为旧工业建筑注入运转的动力，实现其绿色再生的目标。因此在改造设计时，应充分考虑建筑的区位、周边的经济环境及日后的发展规划等。

（4）保护发展相结合的原则

旧工业建筑是城市文明进程最好的见证者，这些建筑物正是"城市博物馆"关于各个时代的最好展品。因此在绿色再生设计中要坚持保护发展相结合的原则，既要满足现在的发展需求，又要尽量保护利用其原貌。通过对其合理的改造设计展示城市文化的多样性，提升建筑乃至城市的文化品位和内涵。

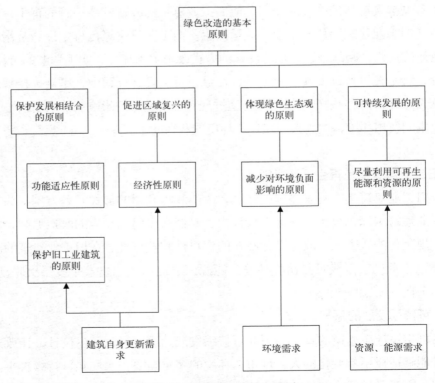

图 3.1　绿色再生的基本原则

3.2　环境优化设计

环境的优化设计，是绿色再生设计的一个重要内容，也是绿色再生成功与否的关键。通过有效的设计，为人们提供一个健康、舒适、节能、环保的工作生活环境。主要包括两个方面的内容，室内环境优化设计和室外环境优化设计。

3.2.1　室外环境优化设计

旧工业建筑的室外环境设计既要考虑原建筑的独特性及其历史意义，又要与整个区域甚至整个城市相融合。一个改造项目的外部环境也是整个城市有机环境的缩影。通过对旧工业建筑外部环境有效合理的改造重塑，以达到优化城市形态，美化城市形象，提高城市吸引力的目的。旧工业建筑外部环境的优化设计应结合旧工业建筑的历史价值，做出合适的改造方案。如图 3.2 所示。

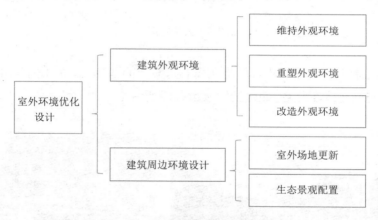

图 3.2　旧工业建筑外部环境的优化设计

（1）建筑外观环境设计

1）维持外观环境

对于具有明显地域特色、时代特征、历史价值的旧工业建筑，改造设计时，应保留大部分原有建筑的基本形态，并对其进行必要的维护修整或更换局部构件。新建的部分应与原始风格相协调，形成与原始工业环境相融合的空间。同时还应保留建筑周围的环境，如原有的道路、景观、设施，尊重原有的精神和文脉，营造一种历史回放的感觉，如图 3.3 所示。

在大华纱厂辅房和南门的改造中，我们完整地保留了原有建筑的形态，只是进行了必要的修缮和维护，同时将周围的环境进行改造，使其满足人们的感官需求，为人们提供舒适的环境。南门上的五角星具有鲜明的时代特色，让我们感受到历史的变迁。

(a) 大华纱厂改造后的泵房

(b) 原水泵房

(c) 改造后南门

(d) 原南门

图 3.3　大华纱厂

现代文化艺术中心广场的改造就是在原有水泵房的基础上，加建了一部分。可以看出加建的部分与原建筑在风格上很匹配，如图 3.4 所示

(a) 现代文化艺术中心

(b) 原发电厂

(c) 现代文化艺术中心广场景观

(d) 原煤炭院水泵房

图 3.4　现代文化艺术中心广场

2）重塑外部环境

对于一些具有独特外形结构的地标性旧工业建筑，如水塔、烟囱、煤气堡等，应根据需要重塑外部环境。设计时应针对人们所熟悉的建筑特征，以原旧工业建筑或构筑物为依托，进行合理的二次设计，在最大限度保留城市记忆的基础上，给人们带来全新的建筑体验。如维也纳煤气储罐改造就是完整地保留了建筑的外部形体特征并加以改造利用，如图 3.5 所示。

图 3.5　维也纳煤气储罐

3）改变外部环境

对于一般性旧工业建筑，在外形上并无特别明显的历史美学价值和特征，因此这类建筑外部形象设计自由度大，设计师可以借助原有结构，充分发挥想象力和创造力，创造出新的形象，如图 3.6、图 3.7 所示

图 3.6　大华西广场

图 3.7　798 创意广场

（2）建筑周边环境设计

旧工业建筑的绿色再生除了建筑本身的改造外，还应注重周边环境的整理。室外的环境直接影响着建筑所处的环境状态，从而影响到人们的舒适度和健康。因此在旧工业建筑的改造中，应研究其微气候特征。根据建筑功能的需求，通过合理的外部环境设计来改善既有的微气候环境，创造建筑节能以及健康舒适的有利环境，具体方法如下。

1）室外场地更新

① 地面材料。室外地面的材料对室外环境的舒适度影响巨大，因此建筑室外环境的改善可以通过有选择地更换不合理的地面材料来实现。例如将硬质路面换成透水性地面，将停车场地面换成中空的植草砖，在室外铺设绿化地带等，通过这些方法可以增加土壤的保水能力，补充地下水，减少土壤的径流系数，有效降低室外地面温度，营造出适宜的小气候，降低热岛强度。遇到暴雨时还可以缓解室外排水系统的排水压力。

② 绿色景观。绿色植物是调节室外热环境的重要因素，它能在夏季通过光合作用、蒸腾作用吸收一大部分太阳辐射热。高大茂密的树木还能让建筑避免阳光的直接照射，调节建筑的室内温度。因此选择合理的植物搭配，不仅能美化环境，还可以利用植物的季节性变化来改善微气候。

③ 水体景观。在炎热的夏季，水体的蒸发能吸收掉大量热量，从而降低室外温度。同时水体也具有一定的热稳定性，会造成昼夜间水体和周围空气温度的波动，导致两者之间产生热风压，促进空气流动。在旧工业建筑的改造中，也可在建筑周围建景观湿地，既能调节室外环境温度和空气湿度，形成良好的局部微气候环境，还能用来净化雨水和中水。

2）生态景观配置

在园区内对周围环境进行生态景观配置，在建筑周围布置树木、植被、绿草等。既能有效地遮挡风沙、净化空气，还能遮阳、降噪；创造舒适的人工自然环境，在建筑附近设置水面，利用水来平衡环境温度、降风沙及收集雨水等。

对于旧工业建筑周边景观的配置应结合当地的自然条件、自然资源、历史文脉、地域文化等合理配置。具体来说应遵循以下原则：尽量选用本地植物，既容易成活又具有地方特色；植物配置时应多种类多层次，丰富室外环境[19]。

3.2.2 室内环境优化设计

（1）室内风环境优化设计

自然通风是改善室内环境的基本方法之一，其主要原理是通过压力差来形成气流，将室外空气引入室内，带动空气流动，实现室外新鲜空气的补充交换。虽然一些先进的机械送风设备可以满足室内风环境的需求，但这样往往伴随着高能耗，与绿色再生理念相背离。因此，在旧工业建筑的绿色再生设计中，应尽量通过结构的调整等实现自然通风，为人们提供一个舒适宜人的室内风环境。

（2）室内光环境优化设计

旧工业建筑改造中室内光环境的优化设计，即加大自然光的利用效果与范围，尽可能地减少人工采光。自然光的使用既能减少能耗、节约资源、保护环境，又有利于使用者的身心健康。

在旧工业建筑的改造设计中，可以通过有效的设计手段，改善室内的光环境。例如可以适当增加窗户、天窗，加大采光；结合中庭、采光天井、反光镜装置等内部手段增加天然光的辐射范围。

（3）室内热环境优化设计

热环境是指影响人体冷暖感觉的环境因素，主要包括空气温度和湿度。室内热环境的优化设计，主要是指通过合理的设计，尽量减少能源消耗设备的使用，为人们提供一个舒适的室内热环境。

在改造中可以通过室内设计布局，形成横向纵向的风道通廊，配合植入的通风采光井，通过良好的风环境有目的地调节室内温度和湿度，营造宜人的室内热环境。此外还能通过增加维护结构的保温性能，提高室内热环境的舒适度，如表 3.1 所示。

室内环境优化设计方法　　　　　　　　　　表 3.1

室内风环境优化设计	室内光环境优化设计	室内热环境优化设计
1. 自然通风	1. 自然采光	1. 中空玻璃
2. 通风烟囱	2. 中庭采光	2. 垂直绿化遮阳
3. 中庭、前庭热压通风	3. 前庭采光	3. 建筑构架遮阳
4. 拔风效应	4. 天窗采光	4. 蓄热水墙
5. 通风井	5. 室内反光板	5. 绿化与水体降温
6. 调整窗墙比例	6. 活动外遮阳	

3.3　结构节能改造

在旧工业建筑的改造中，建筑体形和内部空间的改造是建筑单体改造考虑的主要因素。合理的形体空间能有效加强室内采光和自然通风，在低能耗的条件下为人们提供一个舒适、健康的室内环境。我国大部分地区都属于夏热冬冷型气候，因此在旧工业建筑的绿色再生设计中，我们应考虑通过有效的形体空间的改造，加强建筑自然通风、采光，减少夏季太阳直射，以达到降低建筑主动能耗的目的。常用的改造手段有：体型改造、空间重组和腔体植入。

3.3.1　体型改造

旧工业建筑外部形体的改造，不仅影响着旧工业建筑历史面貌的展现，还直接影响着建筑的能耗。因此在建筑形体改造设计时，应结合当地的气候状况及周边环境，在满足功能的前提下，设计出合适的形体，以提高能源的利用率，减少能源的消耗，并为人们提供健康舒适的室内环境。

通过旧工业建筑外形的绿色再生设计，达到利用建筑形体来引导建筑内部的自然通风，增加采光，以及通过外形的凹凸变化，产生自遮阳效果的目的。要达到这种目的有两种方法：加法和减法。

（1）加法

加法就是将已有的两个或两个以上的建筑单体，通过穿插、连接、叠加等方式组合成一个新的建筑功能体，或者在原有建筑的基础上，加建一部分形体，使旧工业建筑既能满足新的功能需求，又能达到节能环保的目的。

（2）减法

减法即在一个较大的几何形体中减去一个或数个较小的形体后重新形成的新形体。也就是说将原来相对集中的建筑形式改成相对分散的建筑形式，在相对完整的建筑体形中切削出独立的空间形式如表 3.2[19] 所示。

体型改造手法及过程 　　　　　　　　　　　　　　　　　　　　　　表 3.2

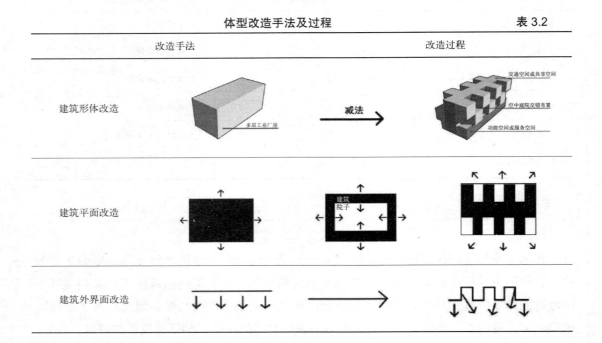

改造手法	改造过程
建筑形体改造	
建筑平面改造	
建筑外界面改造	

3.3.2　空间重组

旧工业建筑往往内部空间较大，在改造中为了适应新的需求，应对内部空间进行重组。通过空间的重新组合和联系，打破建筑室内外的界限，达到改善室内环境，增加自然采光、通风的效果。常见的空间重组方式如图 3.8 所示。

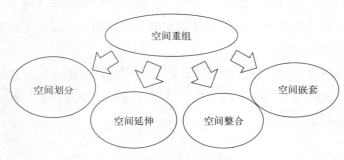

图 3.8　常见的空间重组方式

（1）空间划分

旧工业建筑一般内部空间大，结构承载力强，在进行空间划分时比较灵活，主要有两种划分方式：空间水平分隔和空间垂直分层。

1）空间水平分隔。将旧工业建筑由大尺度的内部空间改造成小空间时，可以保留主体结构不变，在水平方向上加建分隔墙体，将整体的大空间划分为若干个小空间。除了新建墙体，还可以灵活布置家具、植物、交通空间来达到水平分隔的效果。这样可以减少视线阻断，增加内部空间的流动性，如图 3.9 所示。

图 3.9　北京 798 创意园区

2）空间垂直分隔。对于内部空间高大的旧工业建筑的改造，可以通过垂直分层，加建内部支撑结构与楼板，使其满足新功能的使用需求。此外空间的垂直分层不仅丰富了空间层次，而且充分利用了竖向空间，节约土地成本，如图 3.10 所示[20]。

图 3.10　大卫·肖·史密斯联合会改造前后的空间比较

（2）空间嵌套

在原有的旧工业建筑的内部空间嵌套一个新的功能体，这样就在建筑内部形成了两个相互独立的功能体系。既保护了原有建筑，又满足了新的使用需求。且工业建筑的内层表皮与新建的外层表皮形成双表层系统，风格独特。新的内部空间与原有的建筑空间形成新与旧的反差，给人们带来独特的体验。

（3）空间延伸

对于旧工业建筑中的辅助性房屋，建筑空间不大，原有内部空间的容量不能满足新功能的需求，改造设计时可以在不破坏原有结构的基础上，通过空间的延伸来扩大空间的容量。在设计时应注意既要满足建筑使用功能上的要求，又要处理好新旧建筑之间关系，新建部分既要与原有建筑融为一体，又要体现其独特风格，如图3.11所示。

图3.11　卡尔斯鲁厄艺术及媒体技术中心

（4）空间重组整合

旧工业建筑原有的空间划分不能满足使用需求时，可以将原有的若干功能空间经过合理的设计加以处理，重新组合加以利用，形成新的空间效果。这是一个联零为整的过程，常用的方法有拆除部分墙体贯通空间和通过连廊串联空间。如图3.12所示。

图3.12　纽约州奥尔巴尼阿尔戈斯大楼

3.3.3　腔体植入

建筑腔体是指建筑通过合适的空间形体，运用相应的生态技术措施以及适当的细部构造，与环境自然因素相结合，与环境进行能量交换时，内部的运作机制与生物腔体相似，通过一些技术手段高效、低能耗地营造出舒适宜人的室内环境。

（1）利用风压的自然通风原理

风压是形成自然通风的主要因素，由于建筑物的阻挡，建筑的迎面风和背面风由于压力的变化产生压力差，建筑上的空洞由于正负压差的作用而产生了气体流动，使室内的空气循环流动。在炎热潮湿的地区，白天温度高，热辐射强，雨水充沛，这类旧工业建筑改造的任务就是遮阳、通风以及防潮。

（2）利用热压通风的拔风原理

热压通风就是由于室内外的温差，导致空气的密度不同，从而热空气上升，冷空气下降的一种自然通风方式。

（3）利用太阳光的自然采光原理

利用建筑腔体同样能增加室内的采光。利用腔体的侧部或顶部来引入自然光，还可以在腔体内部设置反射井，使各个空间能用到自然光，改造中充分利用自然光源能大大地减少能源的消耗。

（4）综合利用导风的气井原理

在建筑内部设置导风管，辅以相应的技术措施，让导风管在任何情况下都能形成自然通风。

旧工业建筑改造时通过腔体的植入能有效调节室内的热、光环境以及通风状况，在整个建筑中起到生态缓冲的作用。根据腔体在建筑中的作用和位置的不同，我们将腔体分为 4 种类型：外廊式、中庭式、大跨式、自由式。每种都有自己的优缺点及适用范围。下面详细介绍一下在旧工业建筑改造中使用比较广泛的中庭式建筑腔体，如图 3.13 所示。

图 3.13　中庭式建筑腔体

中庭式是将建筑腔体设置在建筑的中心，将各个空间联系在一起。通过腔体调节室内环境。中庭有两种明显的气候控制特点：温室效应和烟囱效应。温室效应是由于太阳的短波辐射通过玻璃温暖室内建筑表面，而室内建筑表面的波长较长的二次辐射则不能穿过玻璃反射出去，因此中庭获得和积蓄了太阳能，使得室内温度升高。烟囱效应是由于中庭较大的得热量而导致中庭和室外温度不同而形成中庭内气流向上运动。

为了维持中庭良好的物理环境，应针对不同季节采用不同的气候控制方式。冬季：白天应充分利用温室效应，并使得中庭顶部处于严密封闭状态，夜晚利用遮阳装置增大热阻，防止热量散失。夏季：应采取遮阳措施，避免过多太阳辐射进入中庭，同时应利用烟囱效应引导热压通风，中庭底部从室外进风，从中庭顶部排出。同时注意，要避免室外新风通过功能房间进入中庭，否则将导致该功能房间新风量增大而导致冷负荷大幅度增加。过渡季：当室外温度较低时（如低于25℃时），则应充分利用中庭的烟囱效应拔风，带动各个功能房间自然通风，及时带走聚集在功能房间室内和中庭的热量。

3.3.4 围护结构更新

建筑的外围护结构不仅是划分室内外的分界线，还是建筑节能的主要门户。在夏季和冬季，室内外温差大，围护结构的保温性能直接影响建筑的使用能耗，因此在旧工业建筑的绿色再生设计中也应考虑围护结构的更新。我们这里考虑的主要是对建筑节能影响比较大的外墙、门窗以及屋顶。

（1）外墙的改造

外墙是室内外能量交换的界面，因此通过对外墙的改造，来达到改善室内环境、降低建筑能耗是旧工业建筑绿色再生应重点考虑的方法。对外墙的改造主要从风、光、热三个方面进行考虑。通过外墙的改造，有效地利用这三个因素，创造出舒适健康的室内环境。

1）外墙的保温隔热改造

外墙的能源消耗主要是由于室内外的温差，夏季室外的热源通过墙体进入室内使温度升高；冬季室内的热源通过墙体分散到室外使室内温度降低，从而增大了能源的消耗。在外墙的改造中通过提高外墙的保温性能减少室内外环境的热交换，改善室内环境的舒适度。

2）外墙通风改造

外墙的通风改造主要是通过对外墙表皮的改造得以实现。采用相应的技术手段，将建筑的外表皮改造成复合表皮。这种复合表皮分为两层，中间是空气间层。利用烟囱效应的原理产生热压通风在每层的上下位置设置通风口，使空气在这个小腔体内实现循环，促进室内外能源的交换，达到隔热的效果。这种表皮被称之为"呼吸式幕墙"。如图3.14所示。

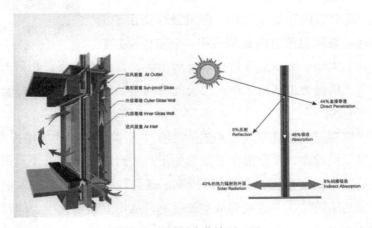

图3.14 呼吸式幕墙原理图

3）外墙遮阳改造

外墙遮阳改造就是通过改造利用建筑表皮的变化来达到遮阳的效果，或是在建筑表皮上设置可调节的遮阳设施，可根据实际情况进行调节，变换遮阳的形式。也可以通过遮阳设施来调节室内采光，利用建筑表皮系统产生折射、绕射、衍射等现象，既减少了阳光的直接辐射，又能实现自然采光。对于旧工业建筑表皮的改造有如下三种方式，见表 3.3[19]。

外墙遮阳形式　　　　　　　　　　　　　　表 3.3

序号	类型	改造方式	优缺	图示
1	表皮外遮阳	遮阳层位于表皮内侧	隔热效果不佳，但清洗维护方便	
2	表皮中间遮阳	遮阳层位于两个表皮之间	能同时满足遮阳和通风、采光的需求	
3	表皮内遮阳	遮阳层位于表皮外侧	隔热性能好，但清洗养护不便	

（2）外窗的改造

虽然外窗所占围护结构的面积不大，但据统计其热损失能达到围护结构损失的 40%左右，是旧工业建筑节能改造应重点考虑的对象。建筑外窗承担通风、采光、保温隔热等功能，而旧工业建筑的外窗因年代久远，围护性能差，而且保温隔热性能不强导致建筑能耗加大，影响室内舒适性。在建筑外窗的改造中，多采用全部更换的改造方式。将年代久远的、老化的外窗替换成双层玻璃、中空玻璃等气密性好、技术成熟的外窗。能大大降低建筑使用能耗，改善室内环境。常用的窗户改造方式如表 3.4 所示。

外窗节能改造方式   表 3.4

类型	方法	特点	图示
双层窗	在原窗户内侧增加一道窗户	传热系数能减少一半以上，施工方便快捷，受到原窗户的限制	
Low-E 玻璃	将原玻璃换成 Low-E 玻璃	隔热性能好，遮阳性能好	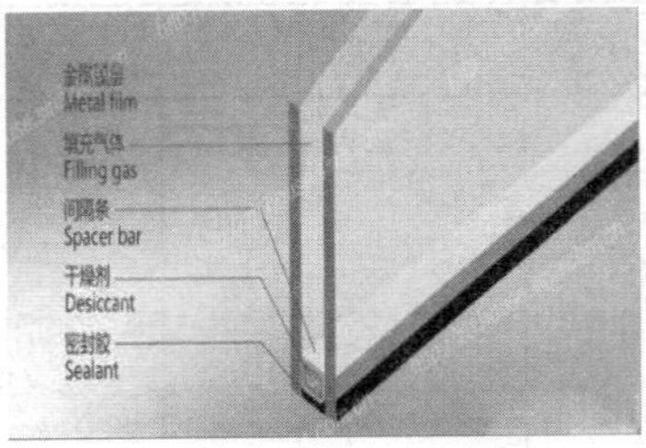
中空玻璃	将原玻璃换成中空玻璃	造价低，施工方便	
玻璃贴膜	在原玻璃上贴一层热反射膜	隔热性能较好，施工方便，开窗时不能遮阳	

（3）屋顶改造

屋顶的保温隔热性能很大程度地影响着顶层空间的室内舒适性，以及建筑的使用能耗。因此在旧工业建筑的改造中，屋顶改造也是不容忽视的。屋顶的改造主要是通过改善保温隔热性能得以实现，在寒冷的地区在屋顶设保温层，以阻止室内热量散失；在炎热的地区则是在屋顶设置隔热降温层以阻止太阳的辐射热传至室内；而在冬冷夏热地区（黄河至长江流域），建筑节能则要冬夏兼顾。如今，旧工业建筑屋顶的改造方式多种多样，各有优缺点，设计时应根据项目地所处气候环境等选取最合适的改造方法，尽量选择绿色环保的保温隔热材料。具体的改造方式如下所述。

1）屋面架空

屋面架空法也叫空气流通隔热法。就是在屋顶建一个大概 30cm 左右的空心夹层，即通风隔热的空气层，这也是一种植入腔体的改造方法。当夏季阳光暴晒的时候，一方面利用隔热板来阻挡太阳的直接辐射，另一方面利用风压将架空层内的空气不断排出，从而达到降低屋面温度的效果。

2）水隔热法

水隔热法对屋顶的质量要求比较高，对屋面的抗渗性能要求很高，因此在旧工业改造中并不常用。这种做法就是在屋顶维持浅浅的水洼，大概 15cm 深，利用水的蒸发散热以及水面的反射，能带走大量太阳辐射热，有效合理地降低室内温度，提高室内舒适度。

3）反射法

反射法的原理就是通过在屋顶设置反射能力强的面层，以此来反射太阳辐射。这种方式能反射大约 65% 的太阳辐射，节能 20% ~ 30%，而且施工方便，造价低，是一个不错的屋面改造方式。根据反射面层材料的不同分为两种方法，一种方法是白光纸反射法，就是在屋顶铺设一层表面光滑的白光纸，材质为锡纸，不易沾油污，且能强烈反光隔热；另一种是涂料反射法，在屋顶涂上浅色的反射涂料，以此反光隔热。

4）绿化法

在屋顶铺设土层，并种植上合适的植物，利用植物的光合作用、蒸腾作用等来吸收直接照射在屋面的太阳辐射，起到保温隔热的效果。这种方式既能有效改善室内环境，减少能耗，又能美化环境，调节室外微气候。但是应注意，这种改造方式对屋顶的结构、质量要求比较高，进行绿化改造时，一定要注意设计好屋面的排水、防水系统。同时，对于绿化植物的选择也需认真考虑，应适宜当地气候环境，并且以浅根系的植物为宜。

5）保温隔热板

将保温隔热的材料铺设于屋面上，这种方式具有保温隔热以及防水的双重功效，而且具有材料重量轻、材料强度高、力学性能好、使用年限长、施工方便，施工周期短等优点。常用的保温隔热板材有玻璃钢板、XPS 板、EPS 板等，在选用时结合自身需求，选取合适的保温隔热材料。

3.4　节能技术植入

旧工业建筑改造的节能技术主要指通过采用节能型的建筑材料、产品和设备，执行建筑节能标准，加强建筑物所使用的节能设备的运行管理，合理设计建筑围护结构的热工性能，通过采取相应技术措施，提高采暖、制冷、照明、通风、给排水和管道系统的运行效率，以及利用可再生能源，在保证建筑物使用功能和室内热环境质量的前提下，降低建筑能源消耗，合理、有效地利用能源。

3.4.1 能源资源的有效使用

（1）太阳能的使用

对于南部地区来说，拥有丰富的太阳能资源，而且是高效的可再生能源。因此在旧工业建筑的绿色再生改造中，植入太阳能系统是一个非常好的节能手段。太阳能利用主要是通过光电板等设备将太阳能辐射热收集起来，通过相应的技术手段将其转换成其他能源形势，如电能、热能、化学能等。主要利用的有两种形式：太阳能光热系统和太阳能光伏发电系统。

太阳能光热系统主要是将太阳的辐射热转变成热能加以利用。如太阳能热水器、太阳能采暖房、太阳能温室等。太阳能光伏发电系统就是利用太阳能光电板将太阳辐射热转化为电能后，供人们使用的一种太阳能利用形式。在旧工业建筑改造时，要考虑太阳能与建筑的一体化设计。一般在建筑的围护结构上铺设光伏设备，或直接将光电薄膜作为建筑表皮，产生的电能直接供一部分设备使用。光伏设备的布置方式直接影响太阳能的接收效率，因此在设计时应根据建筑的位置、日照条件以及建筑外表面的形体等选择一个最优的布置方式。

在旧工业建筑改造时，应将太阳能系统作为建筑的构成元素与建筑结合在一起，保持建筑风格上的统一，太阳能设备作为建筑构件的一部分，既能起到节能环保的作用，又能节省造价。现阶段旧工业建筑改造中太阳能的利用方式主要有以下几种，如表3.5所示。

（2）水资源的回收利用

我国的水资源总体偏少，在全球范围内，我们属于轻度缺水国家，而且水污染问题日益突出。因此水资源的有效利用在旧工业建筑的改造中也应认真考虑，与旧工业建筑的改造统一规划设计。现阶段节约水资源，做到循环使用的方法有两种：雨水回收利用和中水利用。

1）雨水回收利用

在旧工业建筑的改造中，我们可以通过对建筑屋顶、室外地面以及排水系统等的改造设计，实现雨水回收。例如可以用屋顶来收集雨水，将室外地面换成透水性路面，在室外设置绿化场地。通过改造将收集的雨水简单处理后实现再次利用，这样不仅能提高水资源的利用率，还能在暴雨时缓解室外排水系统的排水压力。

2）中水利用

中水是指生活污水处理后，达到规定的水质标准，可在一定范围内重复使用的非饮用水。中水利用是对该处理过的水的再次循环使用。中水利用是环境保护、水污染防治的主要途径，是社会、经济可持续发展的重要环节。因此，在旧工业建筑的改造中也可以建立中水利用系统，将中水用于景观及生活方面，如清扫、冷却水、绿化浇灌等能大大降低水资源的使用。

旧工业建筑改造中太阳能的利用方式　　　　　　　　　　　表 3.5

类型	特点	要点	图示
场地一体化	将太阳能的设备设置在场地中或与场地的景观结合起来设置	满足日照要求，避免遮挡，选择最佳朝向设置，不影响周边环境	
屋面一体化	由于屋面接受阳光最为充足，遮挡较少，将太阳能设备置于屋顶上	选择合理的朝向，太阳能光电板作为屋面板时，要考虑保温隔热和防水等要求	
表皮一体化	将太阳能光电板作为建筑表皮粘在建筑外墙上	建筑外墙较宽，建筑色彩应与光电板协调一致，注意防风，合理选择朝向	
构建一体化	将太阳能光电设备与建筑外构件结合在一起	注意建筑整体形象，避免遮挡，应与建筑合理地衔接	

（3）能源的高效利用

为了维持居住空间的环境质量，在寒冷的季节需要取暖以提高室内的温度，在炎热的季节需要制冷以降低室内的温度，干燥时需要加湿，潮湿时需要抽湿，而这些往往都需要消耗能源才能实现。从节能的角度讲，应提高供暖（制冷）系统的效率，它包括设备本身的效率、管网传送的效率、用户端的计量以及室内环境的控制装置的效率等。在旧工业建筑的改造中，首先，根据建筑的特点和功能，设计高能效的暖通空调设备系统，例如：热泵系统、蓄能系统和区域供热、供冷系统等。然后，在使用中采用能源管理和监控系统监督和调控室内的舒适度、室内空气品质和能耗情况。如通过传感器测量周边环境的温、湿度和日照强度，然后基于建筑动态模型预测采暖和空调负荷，控制暖通空调系统的运行。

为降低建筑在使用过程中的能耗，要求相应的行业在设计、安装、运行质量、节能系统调节、设备材料以及经营管理模式等方面采用高新技术。如在供暖系统节能方面就有三种新技术：1）利用计算机、平衡阀及其专用智能仪表对管网流量进行合理分配，既改善了供暖质量，又节约了能源；2）在用户散热器上安设热量分配表和温度调节阀，用户可根据需要消耗和控制热能，以达到舒适和节能的双重效果；3）采用新型的保温材料包敷送暖管道，以减少管道的热损失。

新技术、新产品的使用往往能有效降低建筑能耗，如低温地板辐射技术，它是采用交联聚乙烯（PEX）管作为通水管，用特殊方式双向循环盘于地面层内，冬天向管内供低温热水（地热、太阳能或各种低温余热提供）；夏天输入冷水可降低地表温度（国内只用于供暖）；该技术与对流散热为主的散热器相比，具有室内温度分布均匀，舒适、节能、易计量、维护方便等优点。

3.4.2 材料研发技术

新的高性能材料的研发使用也是实现建筑节能的一个有效方式。随着科技的发展、技术的进步，一大批具有保温隔热、强度高、造价低、施工方便等优越性能的材料正改变着建筑能耗的使用流量。下面就详细介绍门窗的节能改造技术。

门窗具有采光、通风和围护的作用，还在建筑艺术处理上起着很重要的作用。然而门窗又是最容易造成能量损失的部位。为了增大采光通风面积或表现现代建筑的性格特征，建筑物的门窗面积越来越大，更有全玻璃的幕墙建筑。这就对外围护结构的节能提出了更高的要求。

对门窗的节能处理主要是改善材料的保温隔热性能和提高门窗的密闭性能。从门窗材料来看，近些年出现了铝合金断热型材、铝木复合型材、钢塑整体挤出型材、塑木复合型材以及 UPVC 塑料型材等一些技术含量较高的节能产品。

其中使用较广的是 UPVC 塑料型材，它所使用的原料是高分子材料——硬质聚氯乙烯。它不仅生产过程中能耗少、无污染，而且材料导热系数小，多腔体结构密封性好，因而保温隔热性能好。

为解决大面积玻璃造成能量损失过大的问题，运用高新技术将普通玻璃加工成中空玻璃、镀贴膜玻璃（包括反射玻璃、吸热玻璃）、高强度 Low-E 防火玻璃（高强度低辐射镀膜防火玻璃）、采用磁控真空溅射方法镀制含金属银层的玻璃以及最特别的智能玻璃。智能玻璃能感知外界光的变化并做出反应。智能玻璃可分为两类，一类是光致变色玻璃，在光照射时，玻璃会感光变暗，光线不易透过；停止光照射时，玻璃复明，光线可以透过。在太阳光强烈时，可以阻隔太阳辐射热；天阴时，玻璃变亮，太阳光又能进入室内；另一类是电致变色玻璃,在两片玻璃上镀有导电膜及变色物质,通过调节电压促使变色物质变色,调整射入的太阳光(但因其生产成本高,还不能实际使用)。在旧工业建筑再生中,通过对门窗材料的更新,有效降低建筑使用能耗。具体应用于旧工业建筑再生利用项目的绿色节能技术详见第 4 章。

第4章　旧工业建筑绿色再生技术

4.1　围护结构节能改造技术

建筑的外围护结构主要包括外墙体、屋面保温隔热、门窗等，既是划分室内与室外的分割线，也是建筑能耗中的主要门户。根据调研结果，我国旧工业建筑围护结构的保温隔热性能较差，但再生项目由于使用功能的变更使其保温隔热性能的要求有了大幅提升，所以旧工业建筑围护结构的节能改造显得尤为重要。

4.1.1　外墙节能改造技术

在同样的室内外温差条件下，建筑围护结构保温性能的好坏，直接影响到流出或流入室内热量的多少。从建筑传热耗热量的构成来看，外墙所占比例最大，因此，提高围护结构中墙体的保温能力十分重要。

对于具有一定历史价值的旧工业建筑，再生时，应注意对既有墙体的保护，应以保护性修复为原则，采用清理、修补、维护的方式处理外墙。这类建筑的节能技术一般需要选择外墙内保温或是外墙夹芯保温的方式；对于外墙没有保护要求的建筑，其节能技术在理念上与一般建筑外墙节能技术一致，是通过墙体结构与保温材料的结合，以提高外墙的保温隔热性能。

（1）技术分析

① 适用范围广泛

外墙保温技术适用范围广泛，不仅适用于需要保暖的冬季寒冷的北方地区，也适用于炎热的需要空调的南方地区。同时，不仅适用于新建筑，也适用于节能改造的建筑。

② 保温效果显著

由于保温材料放置在建筑物外墙的外面，基本上消除在建筑物的各部分的热桥的影响。外墙保温技术可以最大限度地发挥有效隔热的效用，能够使用更薄的保温材料，以实现更高的节能效率。

③ 保护主体结构

保温材料放置于建筑物保温层中，大大减少了自然的温度、湿度、紫外线辐射等对主要结构的影响。随着厂房层数的增加，温度对垂直结构的影响愈发明显，继而厂房向外的膨胀和收缩可能引起厂房内部结构部件的开裂，外墙保温技术可以减少结构内部温度产生的应力。

④ 有效改善室内环境

外墙保温技术不仅提高了外墙的隔热性能，同时也增加了室内的热稳定性。它能够在一定程度上防止雨水对墙壁的浸湿，提高了墙体的防水性能，以避免室内结露、发霉等现象的发生，能够创造一个舒适的室内环境。

（2）选择外墙保温材料的原则

① 保温材料的导热系数应该尽可能低

保温层下的平均传热系数必须符合设计要求，在保温层具有同等厚度的情况下，保温材料的导热系数越小，保温性能越好，以便更好地达到保温效果。

② 保温材料的成分必须具有良好的化学稳定性

外墙保温的效果受环境的影响很大。使用化学稳定性越好的保温材料，与周围环境发生化学反应的可能性就越小，保温材料受保温环境的影响就会越小。

③ 保温材料应该具有一定的强度

用于外墙保温的材料，应该能够承受一定的风、雪和灰尘等荷载，以及外部设备对其的影响。因此要求保温材料具有一定的承压强度，防止墙体结构受到破坏。

④ 保温材料应保持适宜的吸水率

在使用过程中，保温材料吸水率如果过大，含水量增多，就会导致保温材料结构的破坏，从而降低保温效果，缩短保温材料寿命。因此外墙保温技术中，材料选择时应保持适宜的吸水率。

⑤ 保温材料应具有一定的防火性能

外墙保温材料具有较好的防火性能，一定程度上能够保护厂房主体结构的稳定，减少厂房使用过程中的安全隐患。

（3）改造措施

提高墙体保温性能的关键在于增加热阻值，在技术和材料的选择上，针对不同类型的厂房外墙应该采取不同的改造措施。根据保温材料所处位置的不同，主要有三种保温形式：外墙外保温、外墙内保温、外墙夹芯保温。本书结合旧工业建筑再生利用的实际的情况，对三种保温墙体的技术性能进行比较，见表4.1。

在旧工业建筑再生利用过程中，若原有外墙结构性能严重受损，需拆除重建，则以上三种保温形式均可使用；若原有外墙结构性能较好可继续使用，则其保温形式为外墙外保温与外墙内保温。经过调研发现，旧工业建筑再生利用项目多采用外墙外保温形式，其主要原因在于采用外保温技术的墙体，在冬季，由于内部墙体热容量较大，室内可以蓄存更多的热量，间歇采暖或太阳辐射所造成的室内温度变化减缓，有利于室温的稳定；而在夏季，室内温度较高，采用外保温技术能大大减少太阳辐射热的进入和室外高气温的影响，降低室内空气温度和外墙内表面温度。尤其是对于夏热冬冷地区的旧工业建筑再生利用项目，外保温技术墙体的保温隔热性能则更为显著。

三种保温墙体技术性能比较　　　　　　　　　　　　　　　　　表 4.1

比较项目	外墙外保温	外墙内保温	外墙夹芯保温
结构 （由内至外）	墙体结构层 保温绝热层 抗裂砂浆层、网格布 柔性腻子层 涂料装饰面	面层 保温绝热层 墙体结构层	①现场施工：将保温层夹在墙体中间； ②预制：在钢筋混凝土中间嵌入绝热层
主要优点	①基本消除热（冷）桥，绝热层效率可达85%～95%； ②可增加外墙的防水性和气密性，能保护主体结构，增加建筑物的使用年限； ③不减少室内使用面积； ④室内热舒适度较好，对承重结构不造成危害	①绝热性能达到30%； ②室内施工便利，不受气候环境影响； ③不破坏建筑外部形象； ④绝热材料在承重墙内侧，强度要求低	①绝热性能达到50%～75%； ②对保温材料要求不严格； ③对施工季节和施工条件的要求不高
主要缺点	①加大了配料难度，要求有较高的防火性、耐久性和耐候性； ②施工受到气候环境的影响限制； ③要求有专业的施工队伍，施工要有较高的安全措施	①不能彻底消除热桥，内表面易产生结露； ②建筑外围护结构不能得到保护； ③较少室内的有效利用面积； ④防水和气密性较差	①墙体较厚，减少室内使用面积； ②保温层位于两层承重刚性墙体之间，抗震性能较差； ③容易产生热桥，削弱墙体绝热性； ④施工工序相对复杂
图例	基层墙体 界面砂浆 TS20 聚苯颗粒保温层 抗裂砂浆压入网格布 TS203 柔性腻子 TS96D 弹性涂料	内墙涂料 抗裂砂浆层 保温层 界面砂浆层 墙体基层	

4.1.2　屋面节能改造技术

　　屋面是旧工业建筑最上层的覆盖外围护结构，它的基本功能就是抵御自然界的不利因素，使得下部的空间有良好的使用环境。大量旧厂房的屋顶普遍存在结构老化、保温性能差、采光通风不良等问题。再生利用时，需要增强屋顶的隔热性能。一般屋顶是建筑冬季的失热构件，屋顶作为蓄热体对室内温度波动起稳定作用。对于单层厂房，屋顶的散热量比例相对多层厂房较大。一般工业建筑屋面带来的热损失占整个围护结构得热损失的30% 左右 [21]，是节能改造时应予以关注的关键部位。

　　工业建筑屋面结构可分为有檩体系、无檩体系两种，如图 4.1 所示。

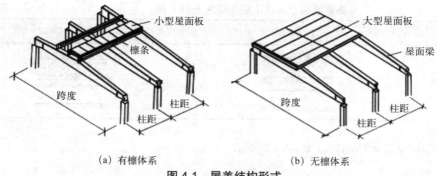

（a）有檩体系　　　　　　　（b）无檩体系

图 4.1　屋盖结构形式

工业建筑的屋面比较特殊，相比一般建筑，具有以下几个特点：

（1）面积大。工业厂房的屋面面积较大，多跨厂房屋面可能还存在高差；

（2）可能设有天窗。为了便于通风和采光，单层工业厂房屋面一般设有天窗，是后期节能改造时需要特殊考虑的部位。改造时，可通过将天窗普通玻璃置换为保温隔热效果较好的中空玻璃来改善节能效果；

（3）部分厂房保温隔热效果优于一般民用建筑。工业厂房的构造是以服务于工艺需求为目的的。对于有特殊生产工艺要求、需要恒温恒湿的厂房（如纺织车间及精密仪器车间等），其保温隔热要求要高于一般民用建筑[22]。

对于闲置的旧厂房屋面进行改造，就是有效改善室内环境的舒适性，增加屋面的保温隔热性能。常见的屋面节能改造方式主要有倒置式保温屋面、蓄水屋面、屋面通风等。

倒置式保温屋面如图 4.2 所示。利用倒置屋面保温改造方式进行屋面的节能改造时，应该注意以下几点：①倒置式屋面坡度不宜大于 3%；②因为保温层设置于防水层的上部，保温层的上面应做保护层；采用卵石保护层时，保护层与保温层之间应铺设隔离层；③现喷硬质聚氨酯泡沫塑料与涂料保护层间应具有相容性；④倒置式屋面的檐沟、落水口等部位，应采用现浇混凝土或砖砌堵头，并做好排水处理[23]。

倒置式屋面的保温层上面，可采用块体材料、水泥砂浆或卵石做保护层；卵石保护层与保温层间应铺设聚酯纤维无纺布或纤维织物进行隔离保护（详见表 4.2、表 4.3[23]）。

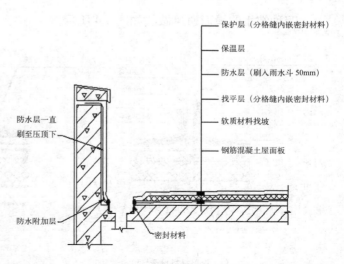

图 4.2　倒置式保温屋面做法

类别	XPS 板保温	硬泡聚氨酯保温
构造设计		

倒置屋面上人式（刚性防水混凝土面）　　　　表 4.2

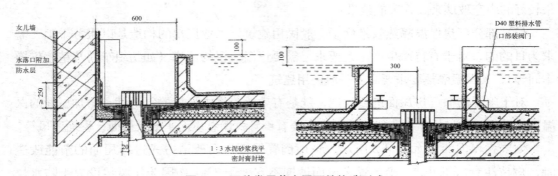

常用的两种蓄水屋面做法如图 4.3 所示。

倒置式不上人屋面（卵石、水泥砂浆面）　　　　表 4.3

类别	XPS 板保温	硬泡聚氨酯保温
构造设计		

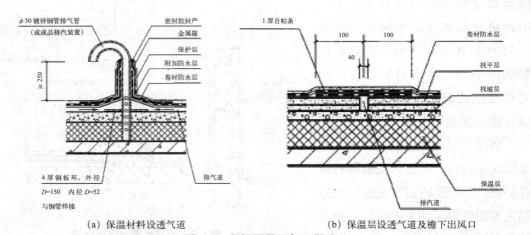

图 4.3　两种常用蓄水屋面的构造形式

四种常用的屋面通风做法如图 4.4 所示。

（a）保温材料设透气道　　　　（b）保温层设透气道及檐下出风口

图 4.4　保温层及透气口做法

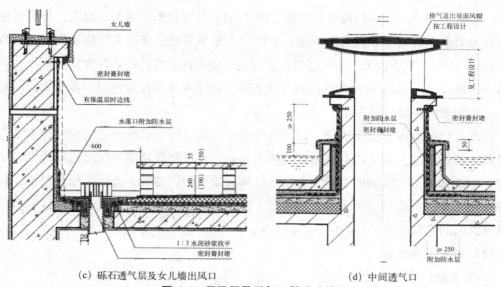

（c）砾石透气层及女儿墙出风口　　　　（d）中间透气口

图 4.4　保温层及透气口做法（续）

几种常见屋面改造形式及其特征如表 4.4 所示。通过节能改造可以使屋面的传热系数减少，大大提高了保温效果。

几种常见屋面改造形式及其特征　　　　　　　　　　　　表 4.4

类型	节能原理	备注
倒置式保温屋面	将保温隔热层设在防水层上面，主要的隔热材料有 XPS 板、EPS 板等	保温层在防水层之上，防水层受到保护，可以延长防水层的使用年限；构造简单，避免浪费；施工简便，便于维修
蓄水屋面	在屋面荷载允许的情况下，在刚性防水屋面上蓄一层水，利用水的蒸发和流动将热量带走，减弱屋面的传热量、降低屋面内表面的温度	在混凝土刚性防水层上蓄水，可以改善混凝土的使用条件，避免直接暴晒和冰雪雨水引起的急剧伸缩；长期浸泡在水中有利于混凝土后期强度的增长
通风屋面	利用屋顶内部的通风将面层下的热量带走，从而达到隔热的目的	适合在夏季气候干燥，白天多风的地区
屋架下设保温层	在屋架下部设置防潮层和保温层，利用高性能、质地轻薄的保温材料达到保温隔热的效果	适用于保留或加固原屋架的建筑，但会致使下部构造层过大，降低室内层高

4.1.3　门窗节能改造技术

在建筑围护结构中，由于门窗的绝热性能最差，使其成为室内热环境质量和建筑能耗的主要影响因素，是保温、隔热与隔声最薄弱的环节。在既有旧工业建筑的围护结构中，门窗的面积约占围护结构总面积的 25% 左右，且窗户形式多为单玻窗，外窗普遍存在传热系数大与开窗面积过大的问题。据统计，冬季单玻窗所损失的热量约占供热负荷的 30% ~ 50%，夏季因太阳辐射透过单玻窗进入室内而消耗的空调冷量约占空调负荷的 20% ~ 30%，而且旧工业建筑的门窗年代久远，老化现象导致能耗进一步加大，同时也严重影响到室内环境的舒适度。

在既有建筑墙体节能改造时，如果采用外墙外保温的方式改造，门窗的位置就应该尽可能地接近外墙。为了不影响建筑的使用功能，可以在做外墙外保温的同时，在既有门窗不动的基础上安装新的节能门窗，最后再拆除旧的门窗或直接就采用双层窗，同时合理选用玻璃，提高建筑外窗的保温性能；也可以直接在窗上贴膜或透明层，利用该层与玻璃之间的空气保温层，达到节能的效果。

（1）节能改造措施

① 增加窗户的玻璃层数

在内外层玻璃之间形成密闭空间层，可大大改善窗户保温性能。双层窗的传热系数比单层窗降低一半，三层窗的传热系数比双层窗又降低 1/3。

② 窗上加贴透明聚酯膜

此项节能措施只需在现有玻璃窗扇内表面上整贴一透明薄膜，利用玻璃与薄膜之间形成的空气层来提高窗户的热阻。

③ 附加活动的保温窗扇

利用纱窗，将泡沫塑料板镶钉在纱窗扇上。保温材料本身和其与窗玻璃之间的空气层可以提高窗的保温性能，或者用气垫塑料膜做芯材，压钉于纱窗扇上，达到保温和透光的多重效果。

④ 加设门窗密封条

加设门窗密封条是提高门窗气密性的最有效最经济的节能途径。密封条应选用弹性良好、经久耐用的。按材料可分为以下三类：橡胶条、塑料条和橡胶结合密封条。固定方法为粘贴、挤压和钉结。密封过严，又与使用卫生要求有矛盾。

⑤ 窗周边处理

窗的传热损失不仅与窗的构造有关，还与和窗连接的墙的构造及窗墙之间的连接方式有关，窗口部位应妥善处理。如在窗洞外侧、窗框之间的窗贴苯板保温，可有效地阻断窗洞口热桥，提高窗户的节能效果[23]。

（2）门窗选择

门窗的热损失主要包括门窗的传热性能和通过门窗的空气渗透耗热，所以门窗的节能保温性能主要取决于大面积玻璃类型与门窗框材料的选择，以及门窗的结构设计形式。因此，降低传热系数，提高气密性，合理选择门窗材质与门窗构造，是旧工业建筑门窗节能改造的重点。

① 门窗材质

当前建筑市场的玻璃品种繁多而且性能各异，根据隔热性能可分为普通透明玻璃、吸热玻璃、热反射玻璃、低辐射玻璃等，而各种玻璃又可以制成中空玻璃，各类玻璃节能原理与适用性见表4.5。

各类玻璃节能原理与适用性分析　　　　　　　　　　　　表 4.5

玻璃类型		节能原理	适用性
吸热玻璃		在玻璃中添加一些元素来吸收部分太阳辐射，从而阻挡过量的太阳能，达到了降低空调能耗的效果	隔热效果与透光能力成反比，所以会影响室内的采光，需在保温性能与采光性能之间权衡；多适用于防热地区，而不适用于寒冷地区
镀膜玻璃	热反射玻璃	又称太阳能控制玻璃，在表面镀金属薄膜以及一些干涉层，使得玻璃制品能够反射更多的太阳辐射	由于反射性能，可见光透过率在8%～40%，易造成室内的采光不好，适用于光照强烈的炎热地区
	低辐射玻璃	又称Low-E玻璃，Low-E涂层对远红外辐射具有高反射率，并保持良好透光性能，夏季将室外的热辐射反射出去，冬季将室内的热辐射反射回室内，从而保持室内温度	可见光透射性良好；可以通过调整工艺流程来生产出具有不同光谱选择性能的产品，所以，可根据不同地区、不同朝向来选择相适用的玻璃品种，如炎热地区有遮阳型Low-E玻璃，采暖地区有传统高透型Low-E玻璃
中空玻璃		两片或多片玻璃以有效支撑均匀隔开并周边粘结密封，有一层静止空气或者其他高热阻气体（比如惰性气体）的间层，可以产生明显的阻热效果	具有隔声、隔热、防结露、降低冷辐射及增强玻璃的安全性等功能；可采用不同类型的玻璃原片生产不同类型的中空玻璃，以适应各类地区的需要，如寒冷地区可采用普通透明中空玻璃，炎热地区可采用蓝、绿、茶色的吸热玻璃或热反射玻璃

在门窗的改造中，旧工业建筑外窗的节能主要采用Low-E玻璃、中空玻璃、镀膜玻璃或者加装双层窗的方法，门窗的型材通常采用隔热铝合金型材、隔热钢型材、木—金属复合型材、玻璃钢型材等。

② 门窗构造

适用于旧工业建筑再生项目的常用门窗构造形式及其特点如表4.6所示。

门窗构造形式及特点　　　　　　　　　　　　　　　表 4.6

名称	构造形式	特点
塑铝门窗	在铝合金型材内注入一条PU树脂（聚酰胺塑料隔板），以此将铝门窗型材空腔分离形成断桥，阻止了热量的传导	①冬季居室取暖与夏季空调制冷节能40%以上；②在冬季温差50℃时，门窗也不会产生结露现象；③隔声性能保持在30dB以上；④既有铝合金材料的高强度，又有塑料绝热的特点；⑤造价较高
钢塑门窗	采用钢骨架外覆新型塑料，形成牢固耐久的保护层，内部钢架具有足够的强度和刚度，外覆的塑料层不需喷涂、清洁美观、坚固耐用	①可节约采暖能耗30%～50%；②钢塑门窗的隔声性能为30dB；③耐腐蚀性能好，减少了维护油漆费用；④造价低

续表

名称	构造形式	特点
玻璃钢门窗	由新型复合材料制成门窗框架	①既有钢、铝的坚固性，又有塑钢门窗保温、防腐、节能的特性；②玻璃钢门窗材料使用寿命为50年，与建筑物基本同寿命
木塑门窗	采用新型塑料将加热的聚氯乙烯挤压成型材包覆在木芯型材上形成牢固耐久的保护层	①保证了良好的气密性，具有优良的防尘、防水性能；②由于木芯经去浆、干燥处理后加工而成，保证了材质既有良好的刚度、强度；③造价较高

对于旧工业建筑再生项目，设置窗时，主要有四种方式：①保留原窗框，替换为具有保温隔热效果的玻璃（见图4.5）。这种方法具有快捷易行的优势。②在原窗扇上增设具有保温隔热效果的玻璃（见图4.6），施工时，在窗框内侧附加一道具有保温隔热效果的玻璃，用细木条封边。在这种方法造价较低，适用于木制窗的节能改造。③保留原窗，增设二道窗（见图4.7）。在外窗墙体内侧增设第二道窗，窗框可根据内部环境需要选用铝制、铝塑或木质，玻璃选用具有保温隔热效果的玻璃。这种方法保温隔热效果较明显，适用于墙体较厚的建筑；④整体更换为保温隔热效果较好的新型节能窗。

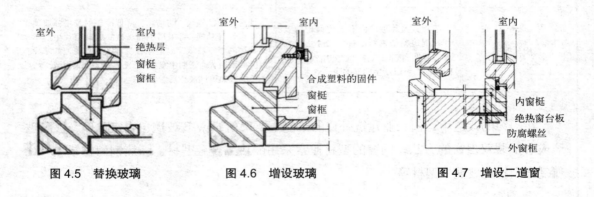

图4.5　替换玻璃　　　　图4.6　增设玻璃　　　　图4.7　增设二道窗

天津天友绿色设计中心改造时，外窗选择 $K=2.3$ 的玻璃钢框，中空玻璃外窗，合理设定窗墙比：北向、东西向设计为0.2，南向调整为0.4，南向中庭形成阳光室（图4.8），同时，加建空中边庭不采用玻璃厅的形式，而采用保温性能极佳的轻质聚碳酸酯（图4.9），具有传热系数 $K=1.1W/（m^2·K）$ 的超强隔热性能，远远超越 Low-E 玻璃的保温性，聚碳酸酯还具有轻质、高透、耐火、隔声的效果，幅长20m的材料无接缝，更具有快速建造的特点，达到了理想的节能效果。

4.1.4　地面节能改造技术

在建筑围护结构中，通过建筑地面向外传导的热（冷）量约占围护结构传热量的3%～5%，对于我国北方严寒地区，在保温措施不到位的情况下所占的比例更高，地面

图 4.8　外窗构造改造

图 4.9　外窗材质改造

节能主要包括三部分：一是直接接触土壤的地面，二是与室外空气接触的架空楼板底面，三是地下室（±0 以下），半地下室与土壤接触的外墙。与土壤接触的地面和外墙主要是针对北方寒冷和严寒地区，对于夏热冬冷地区和夏热冬暖地区的居住建筑节能设计标准《夏热冬冷地区居住建筑节能设计标准》JGJ 134—2001 和《夏热冬暖地区居住建筑节能设计标准》JGJ 75—2003 中对土壤接触地面和外墙的传热系数（热阻）没有规定。在以往的建筑设计和施工过程中，对地面的保温问题一直没有得到重视，特别是寒冷和夏热冬冷地区根本不重视地面以及与室外空气接触地面的节能。如某一夏热冬冷地区一个办公综合楼工程，底层为架空停车场，二层以上办公建筑。

　　一般在旧工业建筑再生利用过程中，对于直接接触土壤的非周边地面，不需要做保温处理。对于直接接触土壤的周边地面（即从外墙内侧算起 2.0m 范围内的地面），应该做保温处理。一般在地面面层下铺设适当厚度的板状保温材料，能够进一步提升厂房以内地面的保温性能。

　　用于地面的保温隔热的材料很多，按其形状可分为以下三种类型：

　　（1）松散保温材料

　　常用的松散材料有膨胀蛭石（粒径 3 ~ 15mm）、膨胀珍珠岩、矿棉、岩棉、玻璃棉、炉渣（粒径 3 ~ 15mm）等。

　　（2）整体保温材料

　　通常用水泥或沥青等胶结材料与松散材料拌合，整体浇筑在需保温的部位，如沥青膨胀珍珠岩、水泥膨胀珍珠岩、水泥膨胀蛭石、水泥炉渣等。

　　（3）板状保温材料

　　如聚苯乙烯板（XPS）（EPS）、加气混凝土、泡沫混凝土板、膨胀珍珠岩板、膨胀蛭石板、矿棉板、岩棉板、木丝板、刨花板、甘蔗板等。

　　保温隔热材料的品种、性能及适用范围见表 4.7。

保温隔热材料的品种及性能   表 4.7

材料名称	主要性能及特点
泡沫塑料	挤压聚苯乙烯泡沫塑料板（XPS）是以聚苯乙烯树脂或其共聚物为主要成分，添加少量添加剂，通过加热挤塑成形而制成的具有闭孔结构的硬质泡沫塑料板材；表观密度 ≥ 35 kg/m³，抗压强度 0.15 ~ 0.25 MPa，导热系数 ≤ 0.035 W/（m·K）。具有密度大、压缩性高、导热系数小、吸水率低、水蒸气渗透系数小，很好的耐冻融性能和抗压蠕变性能等特点。 模压聚苯乙烯泡沫塑料板（EPS）是用可发性聚苯乙烯珠粒经加热预发泡后，再放入模具中加热成型而制成的具有微闭孔结构的泡沫塑料；表观密度 ≥ 18 kg/m³，抗压强度 ≥ 0.1 MPa，导热系数 ≤ 0.041 W/（m·K）。具有质轻、保温、隔热、吸声、防震、吸水性小、耐低温性好、耐酸碱性好等特点
加气混凝土	加气混凝土是用钙质材料（水泥、石灰）、硅质材料（石英砂、粉煤灰、高炉矿渣等）和发气剂（铝粉、锌粉）等原料，经磨细、配料、搅拌、浇注、发气、静停、切割、压蒸等工序生产而成的轻质混凝土材料；表观密度 400 ~ 600 kg/m³，导热系数为 ≤ 0.03 W/（m·K）
硬质聚氨酯泡沫塑料	硬质聚氨酯泡沫塑料是以多元醇 / 多异氰酸酯为主要原料，加入发泡剂，抗老化剂等多种制剂，在屋面工程上直接喷涂发泡而成的一种保温材料；密度 30 ~ 40 kg/m³，导热系数 < 0.03 W/（m·K），压缩强度 > 150 kPa，具有质量轻、导热系数小、压缩强度大等优点
泡沫玻璃	泡沫玻璃是采用石英矿粉或废玻璃经煅烧形成独立闭孔的发泡体；表观密度 ≥ 150 kg/m³，抗压强度 ≥ 0.4MPa 导热系数 ≤ 0.062 W/（m·K），吸水率 < 0.5%，尺寸变化率在 70℃经 48h 后 ≤ 0.5%，具有质量轻、抗压强度高、耐腐蚀、吸水率低、不变形、导热系数和膨胀系数小，不燃烧、不霉变等特点
微孔硅酸钙	微孔硅酸钙是以二氧化硅粉状材料、石灰等增强材料和水经搅拌、凝胶化成型、蒸压养护、干燥等工序制作而成；它具有质轻、导热系数小、耐水性好、防水性强等特点
泡沫混凝土	泡沫混凝土为一种人工制造的保温隔热材料。一种是水泥加入泡沫剂和水，经搅拌、成型、养护而成。另一种是用粉煤灰加入适量石灰、石膏及泡沫塑料和水拌制而成，又称为硅酸盐泡沫混凝土。这两种混凝土具有多孔、轻质、保温、隔热、吸声等性能。其表观密度为350 ~ 400 kg/m³，抗压强度 0.3 ~ 0.5 MPa，导热系数在 0.088 ~ 0.116 W/(m·K) 之间

4.2　能源利用技术

4.2.1　太阳能利用技术

目前，太阳能利用技术主要是通过太阳能获得热能、电能、光能，进而为建筑的热水供应、采暖、空调以及照明提供能源支持，如图 4.10 所示。在既有旧工业建筑再生利用项目中，多采用太阳能热水系统、太阳能光伏发电系统、太阳能自然采光系统。

（1）太阳能热水系统是通过一个面向太阳的太阳能收集器，利用此收集器直接对水加热，或加热不停流动的"工作液体"进而再加热水的装置。太阳能光伏发电系统是利用太阳能光电板将太阳辐射热直接转化为电能，以供建筑日常使用。

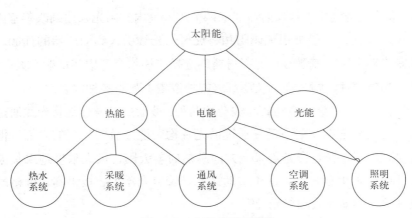

图 4.10　太阳能利用措施

在旧工业建筑改造时，应保证太阳能热水系统、光伏发电系统的应用与旧工业建筑的改造保持一体化，如：构件一体化——将太阳能光电设备与建筑外构件结合在一起；表皮一体化——将太阳能光电板直接作为建筑皮贴在建筑外墙上；屋面一体化——由于屋面接受阳光最为充足，遮挡较少，将太阳能设备设置于建筑屋顶上。上海花园坊节能环保产业园内的太阳能热水设施见图 4.11。

图 4.11　花园坊节能环保产业园中的太阳能热水设施

（2）太阳能自然采光系统是通过各种采光、反光、遮光设施，将自然光源引入到室内进行利用，比较有效的办法主要有增大采光口（屋顶、侧窗）面积、反光板采光、光导管采光。

1）增大采光口面积要结合改造后的功能要求合理设计采光口的数量和大小，较适用于进深不是很大的旧工业建筑，对于进深大、跨度大的旧工业建筑，自然光不能满足室内深处的照明要求，则需要考虑加天窗或者高窗，易造成窗墙比例不协调、建筑造型呆板的问题，故适用性较低。同时，须注意采用屋顶采光时，要避免炎热时室内温度过高、寒冷时室内热量流失的问题。

2）反光板采光是利用光线反射原理来调节进入室内的阳光来达到改善室内天然光环境的目的，所以反光板一般被用来遮阳和将反射的光线引入到旧厂房的顶棚，以防止反光板表面的眩光对人眼的刺激。反光板材料的选择应该综合考虑其反射系数、结构强度、费用、清洁卫护方便性、耐久性以及建筑室内外造型美观等多种因素。

3）光导管采光方式分为主动式与被动式两种：被动式光导管是将光线通过采光罩采集之后，再经过光导管的反射，最终通过散光片均匀地分散到建筑的内部，但采光设备不能移动；主动式光导管是聚光器采光方向总是向着太阳，最大限度地采集太阳光。在实际的旧工业建筑再生项目中，由于主动式光导管聚光器工艺技术高，价格昂贵且围护困难，所以多采用被动式太阳能光导管。

上海市花园坊节能环保产业园内光伏发电设施如图 4.12 所示。

图 4.12　上海花园坊节能环保产业园内的光伏发电设施

4.2.2　风能利用技术

风能利用技术是利用风力机将风能转化为电能、热能、机械能等各种形式的能量，用于发电、提水、制冷、制热、通风等。旧工业建筑改造常用的风能利用技术有风力发电与自然通风。

（1）风力发电技术是利用垂直抽风机，风力带动风车叶片旋转，再透过增速机将旋转的速度提升，来促使发电机发电。因此，风力发电技术适用于风力能源充足地区的旧工业建筑，保证旧工业建筑与风力发电机组的有机结合，重点考虑风机供电能够满足建筑的电力需求。若风力发电机组安设在旧工业建筑顶部，则还应严格计算顶部附加荷载对整个旧工业建筑结构体系安全性的影响。

（2）旧工业建筑大体量的特性对其室内的自然通风和采光极为不利，同时也需要加强自然通风来排除建筑内部的湿气。自然通风就是利用自然的手段（风压、热压）来促使空气流动，引入室外的空气进入室内来通风换气，用以维持室内空气的舒适性，如图 4.13、图 4.14 所示。

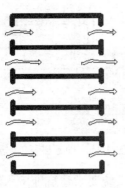

图 4.13　风压通风　　　　　　　　图 4.14　热压通风

　　风压通风是风在运行过程中由于建筑物的阻挡，在迎风面和背风面产生压力差，由高压一侧向低压一侧流动，由迎风面开口进入室内，再由背风面的孔口排除，形成空气对流。其中，压力差的大小与建筑的形式、建筑与风的夹角以及建筑周围的环境有关。当风垂直吹向建筑的正立面时，迎风面中心处正压最大，在屋角和屋脊处负压最大。另外，伯努利流体原理显示，流动空气的压力随着其速度的增加而减小，从而形成低压区。根据这个原理，可以在建筑物局部留出横向的通风通道，当风从通道吹过时，会在通道中形成负压区，从而带动周围空气的流动。通风的通道在一定方向上封闭，而在其他方向敞开，从而明确通风方向，这种通风方式可以在大进深的建筑空间中取得良好的通风效果，是一种常用的建筑处理手段。

　　热压通风是由于室内外的温度差，即"烟囱效应"，来实现建筑的自然通风。空气密度存在差异，被加热的室内空气由于密度变小而上浮，从建筑上方的开口排出，室外的冷空气密度大从建筑下方的开口进入室内补充空气，促使气流产生了自下而上的流动。热压作用与进、出风口的高差和室内外的温差有关，室内外温差和进、出风口的高差越大，则热压作用越明显。因此，热压通风适用于室外风环境多变的地区，并且需保证室内外温差或进出口高差足够大，才可能实现。

　　一般地，在旧工业建筑的改造中，风压通风和热压通风常常是互相补充的，相辅相成的。在进深较大的部位采用热压通风，在进深小的部位采用风压通风，从而达到良好的通风效果。

4.2.3　地源热泵利用技术

　　地源热泵技术是一种利用浅层地热资源的既可供热又可制冷的高效节能空调技术。由于全年地温波动小，冬暖夏凉，因此可分别在冬季从土壤中采集热量，提高温度后供给室内采暖；夏季从土壤中采集冷量，把室内多余热量取出释放到地源中去。地源热泵工作原理是：冬季，热泵机组从地源（浅层水体或岩土体）中吸收热量，向建筑物供暖；夏季，热泵机组从室内吸收热量并转移释放到地源中，实现建筑物空调制冷。根据地热交换系统形式的不同，地源热泵系统分为地下水地源热泵系统和地表水地源热泵系统和地埋管地源热泵系统，如图4.15所示。

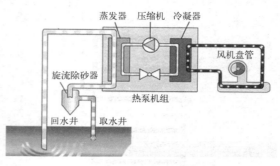

图 4.15　地源热泵工作原理

　　常见的地源热泵形式见表 4.8，其中，地下水热泵系统要求建筑地下水源稳定，河湖水源热泵系统则要求建筑邻近江河、湖泊，土壤热泵系统虽无特定的地理位置要求，但造价较高。因此，在旧工业建筑改造时，应结合建筑的功能定位与能源需求，重点考虑热泵系统的采用是否经济合理。此外，由于热泵系统为地下设施，其运营过程中若发生故障则不利于问题的快速排查且维修费用较高，所以应严格控制地源热泵系统的建造质量，并配设精准的故障报警系统。上海市花园坊节能环保产业园内分体式热泵机组如图4.16 所示，天津天友绿色设计中心地源水环热泵如图 4.17 所示。

图 4.16　花园坊节能环保产业园内分体式热泵机组

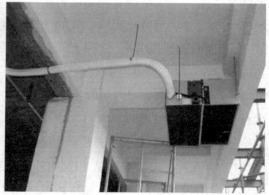

图 4.17　天友绿色设计中心地源水环热泵

地源热泵利用技术比较　　　　　　　　　　　　　　　　　表 4.8

名称	特点
地下水热泵	占地面积小，要求保证机组有正常运行的稳定水源，温度范围在 7℃ ~ 21℃，需要打井，为保持地下水位需要注意回灌，从而不破坏水资源
河湖水源热泵	投资小，水系统能耗低，可靠性高，且运行费用低，但盘管容易被破坏，机组效率不稳
土壤热泵	垂直埋管系统占地面积小，水系统耗电少，但钻井费用高；水平埋管安装费用低，但占地面积大，水系统耗电大

4.3　绿化优化技术

4.3.1　屋面绿化

屋面绿化是通过在屋顶种植绿色植被，利用植物叶面的蒸腾作用增加发散热量，从而降低屋面的温度，在提高建筑绿化率的同时，具有良好的夏季隔热、冬季保温特性和良好的热稳定性，并且能有效遏制太阳辐射及高温对屋面的不利影响。但采用此方法，须注意加强屋面结构防水、排水性能与耐久性，同时，还应注意屋面的植物宜根据地区选择，在南方多雨地区，选择喜湿热的植物，在西北少雨的地区，选择耐干旱的植物。

根据建筑屋顶荷载允许范围和屋顶功能的需要，屋面绿化可分为三种类型：第一种是仅为解决城市生态效益的绿色植被，一般铺设在只有从高空俯视时才看得见的屋顶上，目前主要是简单粗放的屋顶草坪；第二种是既重视生态又可以供人观赏的屋顶草坪，一般是在人们不能进入但从高处可以俯视得到的屋顶之上，其屋顶绿化要讲究美观，以铺装草坪为主，采用花卉和彩砖拼接出各式各样的图案进行点缀；第三种是集观赏、休闲于一体的屋顶绿化。从建筑荷载允许度和屋顶生态环境功能的实际出发，又可分为两种形式：简式轻型绿化和花园式复合型绿化。简式轻型绿化以草坪为主，配置多种植被和灌木等植物，讲究景观色彩搭配。用不同品种的植物结合步道砖铺装出图案；花园式复合型绿化近似地面园林绿地，采用国际上通用的防水阻隔根和蓄排水等新工艺、新技术，以乔灌花草、山石、水榭亭廊搭配组合，园艺小品适当点缀，硬性铺装较少，同时严守建筑设计荷载。

常见的简式轻型绿色屋面施工工序为：（1）清扫屋面，做好防水工作；（2）铺设隔根防漏膜和无纺布；（3）铺路定格，处理好下水口；（4）铺轻型营养基质，一般厚度为 5cm；（5）种植草植，铺装一次成坪草苗块，在屋顶铺植时省工快捷，可达到瞬间成景的效果，或者直接在基质上种植草植，成活率不受影响[24]。

由此，种植屋面的构造为：植被层、种植土、过滤层、排（蓄）水层、耐根穿刺防水层、普通防水层、找平层（找坡层）、保温层、结构层，如图 4.18 所示。屋顶绿化相关技术包括屋顶绿化防水技术、栽培基质的选择、蓄排水技术、植物种植技术、植物施肥管理技术、屋顶雨水回收再利用技术、屋顶自动灌溉技术。以天友绿色设计中心屋面绿化（图 4.19）改造为例，既达到了较好的节能效益，又可作为自然景观，美化环境，提高使用舒适度。

4.3.2　垂直绿化

墙面绿化可使建筑物冬暖夏凉，还有吸收噪声、滞纳灰尘、净化空气、不会积水等优点。垂直绿化是指用攀缘或者铺贴式方法以植物装饰建筑物外墙的一种立体绿化形式。

垂直绿化是旧工业建筑绿色再生技术中占地面积最小，而绿化面积最大的一种形式，垂直绿化的植物配置应注意三点：

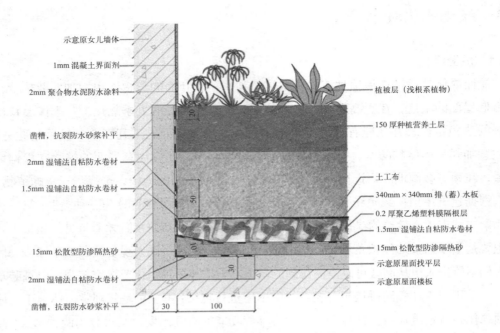

示意原女儿墙体
1mm 混凝土界面剂
2mm 聚合物水泥防水涂料
凿槽,抗裂防水砂浆补平
2mm 湿铺法自粘防水卷材
1.5mm 湿铺法自粘防水卷材
15mm 松散型防渗隔热砂
2mm 湿铺法自粘防水卷材
凿槽,抗裂防水砂浆补平

植被层(浅根系植物)
150 厚种植营养土层
土工布
340mm×340mm 排(蓄)水板
0.2 厚聚乙烯塑料膜隔根层
1.5mm 湿铺法自粘防水卷材
15mm 松散型防渗隔热砂
示意原屋面找平层
示意原屋面楼板

图 4.18　屋顶绿化构造做法

图 4.19　天友绿色设计中心屋面绿化

（1）墙面绿化的植物配置受墙面材料、朝向和墙面色彩等因素制约。粗糙墙面，如水泥混合砂浆和水刷石墙面，攀附效果最好；光滑墙面，如石灰粉墙和油漆涂料，攀附比较困难；墙面朝向不同，选择生长习性不同的攀缘植物。

（2）墙面绿化的植物配置形式有两种，一种是规则式；一种是自然式。

（3）墙面绿化种植形式大体分两种，一是地栽：一般沿墙面种植，带宽 50 ~ 100cm，土层厚 50cm，植物根系距墙体 15cm 左右，苗稍向外倾斜；二是种植槽或容器栽植：一般种植槽或容器高度为 50 ~ 60cm，宽 50cm，长度视地点而定。

垂直绿化形式主要有模块式、铺贴式、攀爬式，各类形式构造与适用性见表 4.9。由于攀爬式垂直绿化造价最低，透光透气性良好，成为既有旧工业建筑再生利用项目中使用最多的垂直绿化形式。

各垂直绿化形式构造及适用性比较

表 4.9

名称	构造	适用性	图例
模块式	将方块形、菱形、圆形等几何单体构件，通过合理搭接或绑缚固定在不锈钢或木质等骨架上，形成各种景观效果	寿命较长，适用于大面积的高难度的墙面绿化，特别对墙面景观营造效果最好	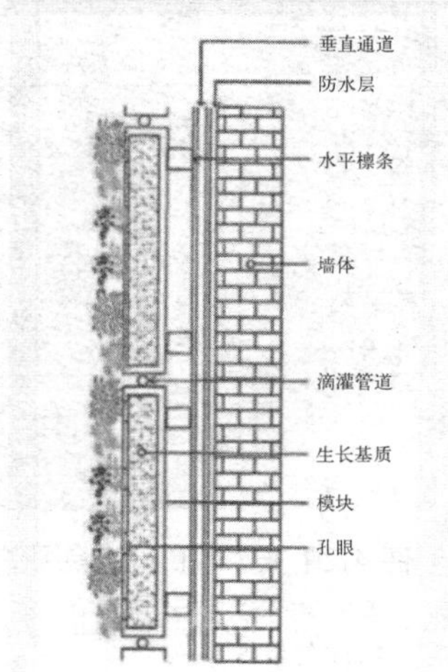
铺贴式	在墙面直接铺贴植物生长基质或模块，形成一个墙面种植平面系统	直接附加在墙面，无须另外做钢架；并通过自来水和雨水浇灌；易施工，效果好	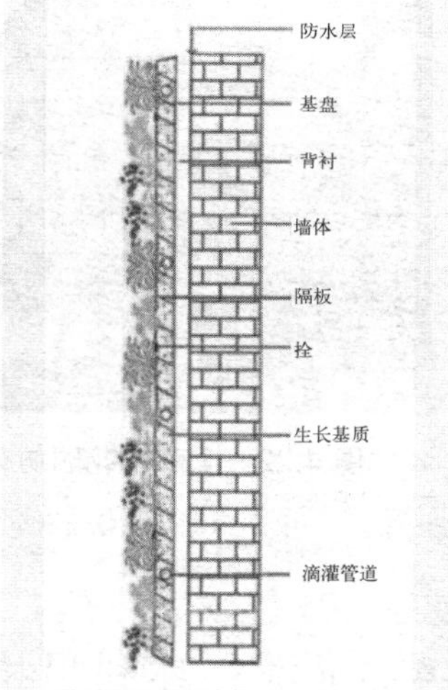
攀爬式	即在墙面种植攀爬，如种植爬山虎、络石、常春藤、扶芳藤、绿萝等	简便易行；造价较低；透光透气性好	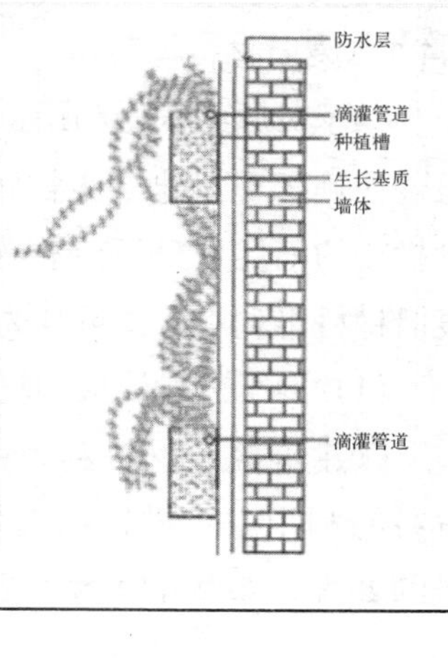

采用垂直绿化的调研项目如图 4.20～图 4.23 所示。

图 4.20　上海市 Z58 创意之光创意园

（原上海手表五厂）

图 4.21　深圳市南海意库

（原三洋厂房）

图 4.22　上海市花园坊节能环保产业园

（原上海乾通汽车附件厂）

图 4.23　苏州生态办公楼

（原法资企业美西航空机械设备厂区）

4.4　资源循环利用技术

4.4.1　废旧材料再利用

　　除了对原结构的利用，旧工业建筑再生利用项目还应注重对废旧材料的回收再利用，通过在施工现场建立废物回收系统，再回收或重复利用拆除时得到的材料，可减少改造时材料的消耗量，也可减少建筑垃圾，降低企业运输或填埋垃圾费用。旧工业建筑再生时，废旧材料再利用方式可分为建筑废旧材料再利用与设备废旧材料再利用两种。

　　（1）旧工业建筑废旧材料再利用

　　以建筑废旧材料利用程度的高低和对环境影响的优劣作为标准，可以将建筑废旧材料的利用方式进行层次划分，各种处理方法对应不同的利用层次。对于建筑废旧材料的处理，最优的方法应该是从源头消除或减少建筑废旧材料的产生，如果无可避免地要产生建筑废旧材料，首先应考虑直接对废旧材料或构件进行回收利用；如果材料或构件因为损坏、变形等种种原因不能继续使用，则可以将其粉碎成原材料进行再生利用；如果粉碎成原材料并不能被很好地利用，就可以采用焚烧的方法以获取其化学能量；如果不能焚烧则采用填埋的方法对其进行处理。旧工业建筑废旧材料的处理层次见表4.10[25]。

旧工业建筑废旧材料的处理层次　　　　　　　　　　　　　　　　表 4.10

	处理层次	处理要点
低 ↓ 高	消除或减少建筑废旧材料的产生	在设计中考虑建筑的适应性和耐久性以及建筑的拆解；建造过程中充分利用建筑材料
	废旧材料的回收利用	对结构进行拆解获取构件及材料；回收利用建筑废旧材料用以新的建设之中
	废旧材料的再生利用	用于制造价值较原产品高的产品的原材料（升级利用）；用于制造价值与原产品相同的产品的原材料（平级利用）；用于制造价值较原产品低的产品的原材料（降级利用）
	焚烧	焚烧获取其化学能量

旧工业建筑废旧材料中再利用最多的是保存完好的旧砖块，旧砖块经去除砂浆、砖面清理后，可用于建筑洞口的修补，如图4.24所示。有时为满足部分项目"修旧如旧"的理念，也可利用旧砖块本身的年代痕迹，建造独特的景观效果，如图4.25所示。

（2）旧工业设备废旧材料再利用

旧工业设备废旧材料再利用主要是将废旧设备从艺术景观角度进行处理。对于大型废旧设备，可在不影响建筑改造与改造后建筑使用的情况下，予以适当的保留，如图4.26所示；对于小型设备的废旧材料，则可通过艺术重组的方式，作为园区景观小品，如图4.27所示。

图 4.24　旧砖用于洞口封堵

图 4.25　旧砖砖面清理

图 4.26　废旧大型设备景观利用

图 4.27　小型设备废旧材料艺术重组

　　在建筑结构的拆除工程中，对没有受到损害或者受损较小仍然可以使用的设备和构件，可以进行回收利用。废旧建筑设备、构件的回收不仅可以减少新材料的使用和节约加工成本，还可以保存建筑设备构件中的固化能量。建筑中的固化能量可以被定义为建筑建造过程中所需要的所有能量，包括建造施工过程中直接所需要的能量以及制造设备和构件所产生的间接能量。旧工业设备废旧材料种类较多，再生利用方式多样，详见表 4.11[25]。

旧工业设备废旧材料再生利用方法及发展情况　　　　　　　　　　表 4.11

设备废旧材料种类	常用方法	发展现状
废旧金属再生利用	通过回收站送往钢筋加工厂进行回炼，废钢丝、铁丝、电线和各种钢配件经过分拣、集中、回炉再造，可加工成各种规格的钢材；钢渣制作成砖和水泥	没有按牌号对废旧钢铁进行分选储存，影响重熔品质；回收利用技术科技含量低，鉴别手段陈旧，再生利用品质受影响
废旧木材再生利用	制造人造板、细木工板、不易开裂的承重构件、与废旧塑料复合生产木塑复合材料；化学改性后可制取强度高、抗腐蚀性强、制造成本低的氨基木材	重视程度不够，未形成回收利用体系，技术设备落后
废旧玻璃再生利用	可制作成装饰板、玻璃布、水泥瓦骨料、纱布、砂纸、人造大理石板、地面砖、马赛克等建筑用板材	废弃玻璃比重大，回收率低，发展潜力大
废旧混凝土再生利用	混凝土可用于回填、加固软土地基，可用于制作砌块、砖铺道、花格砖等建材，将废旧混凝土和废黏土砖特殊处理后可作为橡胶填料、保温节能材料	国内对再生混凝土的研究起步比较晚，还处在试验阶段，目前我国再生混凝土一般仅用于非承重结构
废旧砖、石材料再生利用	用于加固软土地基，制作砌块、保温材料等，土壤改良、绿化种植、景观美化都有应用	体量大，用途广
废旧碳纤维再生利用	物理回收：将复合材料用物理的方法碾碎，压碎制成颗粒，细粉可用作建筑填料、铺路材料、水泥原料或者高炉炼铁的还原剂；化学回收：利用化学改性或分解的方法使废弃物成为可以回收利用的其他物质	碳纤维作为高强韧复合材料的增强纤维，被越来越多地运用到了建筑领域。国内外对废旧碳纤维的再生利用方法主要有两种：物理回收、化学回收
其他废弃物再生利用	废旧橡胶可以用来制作再生胶、炭黑，可以处理成胶粉用于生产胶粉改性沥青，并可以制作橡胶改性混凝土	

4.4.2　水资源再利用

由于时代因素，大量旧工业建筑在建设之初基本未考虑水资源综合使用的问题，自来水消耗量较大，所以在旧工业建筑改造时，可采用水资源再利用系统，针对不同的使用用途对不同的水资源加以利用，比如绿化、洗车、冲厕可以使用无害化处理的循环水。旧工业建筑再生利用项目，水资源再利用主要涉及雨水利用与中水利用。上海市花园坊节能环保产业园内雨水回收模型如图4.28 所示。

图 4.28　花园坊内雨水回收模型

雨水利用技术是将雨水经过蓄积、处理、过滤后用于生产生活用水的设备与方法，雨水收集原理如图4.29 所示。收集到的雨水通过净化处理之后，可直接用于绿化和冲厕等，还可通过雨水的渗透直接补充地下水。但由于受到季节和地域的影响，雨水收集具有不稳定性，所以雨水利用技术更适合用于雨水量充沛地区。

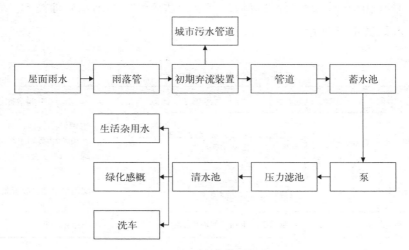

图 4.29　雨水收集原理图

（1）雨水收集技术

常有的汇流面有屋面、路面、地面、绿地等。收集的雨水除受降水量控制外，汇流面大小和汇流效率是决定因素。雨水收集技术是控制源头水质，提高汇流效率的技术。屋面收集的雨水相对洁净，收集效率高，易实现重力流，是良好的回用水源，应当优先收集；屋顶雨水收集技术主要由屋面、汇流槽、下落管和蓄水设施组成。路面属于不透水面积，收集效率较高，由于旧工业厂房多用于加工制造，其道路雨水污染严重，一般不予收集再利用。绿地雨水径流量小，以渗透为主。

（2）雨水处理技术

雨水处理技术由于雨水的水量和水质变化较大，用途不同所要求的水质标准和水量也不同，所以雨水处理的工艺流程和规模应该依据水资源回收再利用的方向和水质要求、可用于收集的雨水量和水质特点，拟定处理工艺和规模，进行经济性分析后确定。工艺方法可采用物理法、化学法、生物法和多种工艺组合，如表 4.12 所示[24]。

常见的雨水处理技术　　　　　　　　　　表 4.12

方法	工艺流程	适用范围
物理化学法	屋面雨水→筛滤网→初期雨水→蓄水池自然沉淀→过滤→消毒→储水池	雨水的可生化性较差，通常在雨水负荷大时采用
深度处理技术	混凝过滤→浮选→生物工艺→深度过滤	对水质有较高的要求时
自然净化技术	应用土壤学、植物学、微生物学基本原理	绿化、景观要求高的建筑区域

其中自然净化技术应用土壤学、植物学、微生物学基本原理，完成雨水的净化，通常与绿化、景观相结合，是一种投资低、节能、适应性广的雨水处理技术。几种常见的自然净化技术如表 4.13 所示[24]。

几种常见的自然净化技术　　　　　　　　　　表 4.13

名称	作用机理	节能效果
人工植土壤 - 植被渗透技术	通过微生物生态系统净化功能来完成物理、化学以及生物技术	土壤颗粒的过滤、表面吸附、离子交换、植物根系和土壤对污染物的吸收分解
雨水湿地技术	通过模拟天然湿地的结构和功能，建造类似沼泽地的地表水体	实现雨水净化，改善景观
雨水生态塘	能调蓄雨水的天然或人工池塘	生态净化功能

（3）雨水渗透技术

雨水渗透是一种简便的雨水处理技术，它具有技术简单、设计灵活、便于施工、运行方便、投资额小、节能效益显著等优点。雨水渗透具有补充滋养地下水资源，改善生态环境，缓解地面沉降等效益。根据方式不同，可分为分散渗透技术和集中回灌技术两大类；也可分为人工强制渗透和自然渗透。分散式渗透因地制宜，设施简易，能够减轻雨水收集及输送系统的压力，补充地下水，充分利用表层植被和土壤的净化功能，减少径流带入水体的污染物。集中式深井回灌容量大，可直接向地下深层回灌雨水，但对地下水位、雨水水质有更高的要求。各种渗透设施基本情况如表 4.14 所示[24]。

各种渗透设施优缺点及适用范围 　　　　　　　　　　　　　　表 4.14

名称	主要优点	局限性	适用范围
低势绿地	透水性好、就地取材、节省投资	渗透流量受土壤性质限制	有绿地分布的厂区或建筑
人造透水地面	利用表层土壤净化能力，技术简单，便于管理	受土质限制，需较大透水面积，调蓄能力低	改造后停车场、步行道、广场等
渗透管沟	占地面积少，调蓄能力强	堵塞后清洗困难，无法利用表层土壤的净化能力	旧排水管线的改造利用、雨水水质好、空间狭窄等
渗透井	占地面积小，便于集中管理	净化能力差，水质要求高，要求预处理	地面可利用空间小，表层渗透性差而下层渗透性好
组合渗透设施	取长补短，效果显著	可能相互影响，占地面积大	工程条件复杂的地区

中水利用是将生活用污水、优质杂排水等经过净化处理之后达到一定标准的非饮用水用于冲厕、景观、绿化、洗车等用水方面，如图 4.30 所示。

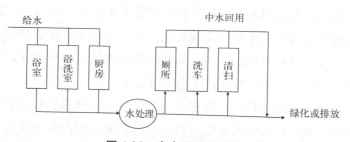

图 4.30　中水利用原理图

将各项技术进一步归纳，可将适用于旧工业建筑再生项目的绿色技术分为围护结构节能改造技术、能源利用技术、绿化优化技术以及资源循环再利用技术四个方面，分为附加（在原结构上增加新的材料、设备或构件）、新增（增加新的设备、材料或构件）、重置（拆除原有的、改设新的设备、材料或构件）、优化（改善原有设备、材料或构件）四种类型（见图 4.31）。绿色技术的发展和完善从技术角度为旧工业建筑绿色再生顺利开展提供了支持和实现可能。

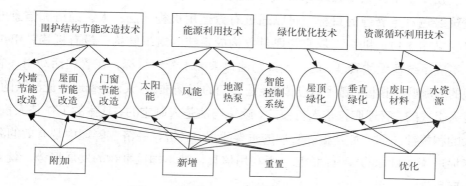

图 4.31　适用于 GROIB 绿色技术分类

第 5 章　旧工业建筑绿色再生管理

5.1　旧工业建筑绿色再生管理的内涵

5.1.1　旧工业建筑绿色再生管理概念

福莱特（Follett，1942）提出，"管理是通过他人来完成工作的艺术"。管理是通过各种职能活动，合理分配、协调相关资源，以实现预期目标的过程，指组织中的管理者，通过实施计划、组织、人员配备、指挥、调节等基本职能来协调他人活动，完成既定目标的过程。通常按管理方式的不同分为决策管理和实施管理，决策管理是制定企业、项目的发展目标方向等，它是管理的核心，为实施管理提供战略性指导。实施管理则是按照某种既定方针、原则，对日常事务进行处理和安排。

企业的生产发展、建设项目的实施都离不开管理，同时我们知道管理随着人类的产生而产生，也随着人类生活环境的改变、科技工具的发展而改变其任务、内容以及有关的观念和理论。旧工业建筑的绿色再生管理就是随着旧工业建筑再生利用的兴起以及绿色管理理念的盛行，将两者完美地融合起来，使其满足生态经济时代的发展、管理模式理念。具体来说就是根据可持续发展的要求，通过运用现代化科学技术与方法，运用法律、行政、经济等手段以及信息工具的科学管理，使改造后的旧工业建筑不仅外观、结构、使用功能发生改变，还具有节能减排低碳环保的特征，让大量旧工业建筑重获新生。

旧工业建筑的绿色再生管理贯穿整个建筑生命周期，从开发研究到设计、施工，直至运营整个过程都以绿色管理为指导，使旧工业建筑的再生利用达到保护环境、节约资源以及注重个人感受的目标状态，实现人与自然的和谐发展。为了更好地实现旧工业建筑绿色再生管理的目标，可以通过有效运用机构、法、人、经济和信息五种管理手段（见图 5.1）。机构，是使管理对象构成系统的组织结构，没有机构就组织不成系统，不成系统便无法管理；法，政策与法律来源于管理目标，在管理活动中，它规定被管理的人哪些应该做，哪些不应该做，是人们的行动准则；人，是管理中最活跃的因素，机构是人组成的，管理职权是人行使的，政策与法是人制定的，具体的工作是人执行的，发挥人的积极性和创造性是搞好管理的重要手段；经济，经济在管理中是有效的激励方式，能促进管理目标的实现；信息，不利用信息，就不知道事物的发展形势，就会造成管理的盲目性。

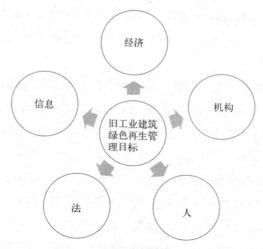

图 5.1　管理目标实现手段

5.1.2　旧工业建筑绿色再生管理组成

（1）按阶段分

旧工业建筑的绿色再生管理贯穿项目的全寿命周期，按不同阶段可以划分为开发、设计、施工以及运营四个部分。每个部分都有各自的管理目标和管理的侧重点，如图 5.2 所示。

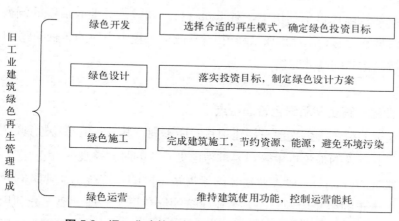

图 5.2　旧工业建筑绿色再生管理组成（按阶段分）

（2）按管理对象划分

旧工业建筑的绿色再生管理是通过计划、组织、指挥、监督控制、教育激励以及创新来实现对旧工业建筑再生利用项目的人、财、物、时间和信息的管理。

1）人。人是社会财富的创造者、物的掌管者、时间的利用者和信息的沟通者，是管理对象中的核心和基础。只有管好人，才有可能管好财、物、时间和信息。在旧工业建筑绿色再生管理中，管理目标能否实现，人起着决定性作用。设计人员是否按绿色环保的理念进行设计，实施人员是否按标准执行，管理人员是否完成其指挥监督职责都将影响管理目标的完成。

2）财。财是管理的又一重要对象。对财的管理就是运用有限的财力，收到更多的经济效益。而在旧工业建筑绿色再生利用中，仅仅关注眼前利益是制约旧工业建筑再生项目开展的主要瓶颈。对于一些材料设备的更新，虽然前期投入较大，但后期经济效益好，在保证经济效益的同时，带来可观的环境效益（减少固体垃圾的产生、降低能耗）。

3）物。物是人类创造财富的源泉。管理者要充分合理和有效地运用它们，使之为社会系统服务。旧工业建筑绿色再生管理中对物的管理主要指各种材料、机械设备等，在使用时应有合理的规划管理，注意回收利用，使物达到最大利用化。对物的管理不仅是建筑过程中，也包括运营使用阶段。在使用过程中，对设备等的维护管理能有效减少设备故障带来的经济损失。

4）时间。时间反映为速度、效率。一个高效率的管理系统，必须充分考虑如何尽可能利用最短的时间，办更多的事。对于过程项目而言，时间即进度，是项目管理的一大重点。在旧工业建筑再生利用管理中，时间也往往与经济效益相联系，因此完善管理系统内部组织形式，提高管理效率，同时选用新材料、新技术能有效加快改造进度，实现效益最大化。

5）信息。只有管理信息，及时掌握信息，正确地运用信息，才能使管理立于不败之地。在旧工业建筑绿色再生利用中，对于新材料、新技术等要有敏锐的洞察力，及时掌握更新行业的最新信息，并对其加以利用；对于改造工程中出现的各种问题，应及时反馈，及时处理，做到信息的高效对接。

5.1.3 旧工业建筑再生利用绿色管理特点

旧工业建筑的绿色再生管理与新建项目有所不同，其具有的独特性具体表现如下：

（1）旧工业建筑的绿色再生管理要求考虑更长久的时间跨度

旧工业建筑的改造与一般工业建筑的管理是不同的，传统工业建筑的管理一般只涉及该项目三五十年的生命周期。而旧工业建筑的绿色再生管理则要充分利用旧工业建筑的特点，通过合理改造，延长旧工业建筑的使用寿命。同时还要考虑改造后的旧工业建筑及其所提供产品或服务在全部生命周期内对环境的影响以及该项目对生态系统更长远的可能影响。

（2）旧工业建筑的绿色再生管理要求考虑更具体的项目特征

旧工业建筑的改造应充分考虑既有建筑的地域属性和气候特征。旧工业建筑的绿色再生管理通过采取因地制宜的管理模式，使得再生后的建筑与其所处的地域与资源、环境具有很好的协调性。既完成了旧工业建筑使用功能的转型，实现其经济效益、社会效益，又能与周围环境相适应，实现其生态效益。

（3）旧工业建筑绿色再生管理要求挖掘更深层次的文化内涵

与一般的新建项目不同，旧工业建筑的绿色再生管理的一大特点就是旧工业建筑代表这一个城市的发展史。在旧工业建筑的绿色再生管理中既要实现旧工业建筑使用功能的改造，使其满足现阶段及更长远的市场需求，同时还得考虑如何更好地保留原迹，让其与整个改造后的环境相适应。使旧工业建筑的历史价值、人文价值得以保留发展。

（4）旧工业建筑绿色再生管理要求建立更具针对性的管理构架

在新建项目的管理中，施工过程以其耗时长、花费高成为新建项目管理的重点，而在旧工业建筑的再生利用管理中，由于主体结构已经存在且变动不大，大大缩短了施工时间和建造成本，使得施工阶段管理不再是决定再生项目总造价的关键。一个旧工业建筑再生利用项目的成功与否，很大程度上取决于设计方案对整个项目的规划布局。建立适用于旧工业建筑绿色再生项目的管理构架，需要将规划设计阶段作为管理重点，将对旧工业建筑的保护性利用、节能环保的理念渗入到规划设计理念中去，成为保证旧工业建筑绿色再生效果的关键。

5.2 开发阶段绿色再生管理

5.2.1 开发阶段绿色再生管理概念

开发阶段的规划设计，是旧工业建筑改造项目成功与否的关键。这一阶段将确定整个项目的发展方向、改造模式，制定总体方案策划，并对其可行性进行研究。旧工业建筑开发阶段的绿色再生管理就是以绿色、节能、环保以及人性化为指导理念，结合项目所在地的自然、经济、社会情况等因素，确定合理的建筑再生模式，在保留了原建筑价值的条件下，还能适应当下的发展需求。

5.2.2 旧工业建筑规划设计应考虑的因素

旧工业建筑的规划设计就是旧工业建筑绿色再生管理中的决策管理，对整个发展方向起决定性的引导作用。一个旧工业建筑再生项目从项目立项到最终敲定再生方案需要综合考虑多方面的因素，如城市规划、改造价值、经济状况、生态环保等，如图 5.3 所示。

（1）改造价值

一个旧工业建筑的改造价值是决定是否对其再生利用以及如何再生利用的重要因素。

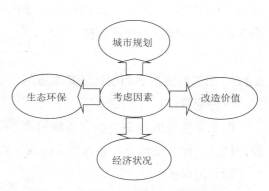

图 5.3 开发阶段绿色再生管理考虑因素

主要考虑以下几方面内容：首先是旧工业建筑的历史价值，它对这一城市所具有的影响力，直接决定着它的去留，对于有的旧工业建筑见证了整个城市的繁荣发展，是一代人甚至几代人的共同记忆，理应通过绿色再生利用将它保存下来；其次建筑的结构形式、外部特征也是重点考虑的对象，建筑的结构形式将决定建筑如何进行改造；最后建筑所处的地理位置、周边环境、配套基础设施等也需要进行考虑。如大华纱厂是西北地区建立最早、规模和影响较大的近代机器棉纺织企业，对西北纺织工业的发展具有里程碑的意义。而且它位于西安市太华南路251号，地处西安火车站北侧，西邻大明宫国家遗址公园，距西安城墙约600m。得天独厚的地理位置以及深厚的历史底蕴让其具有很好的改造价值，并且成功实现再生利用。

（2）城市规划

旧工业建筑的绿色再生应与城市的长远规划相适应，使其能满足城市未来的发展需求，与周边环境接轨，再生后的建筑应与城市的整体风格相一致。

（3）经济状况

旧工业建筑的再生利用在确定再生方案时，既要考虑如何选取经济、合理的改造方式，减少再生利用成本，又要考虑使再生后的建筑能适应市场的需求，取得良好的经济效益。

（4）生态环保

生态环保是旧工业建筑绿色再生的前提，它贯穿于整个再生过程。在规划设计阶段应尽可能地保留利用原有的结构、材料等，通过合理的规划，让旧与新完美融合。设计中也应多考虑使用无污染的可再生材料，多使用当地材料，减少运输能耗，引入新设备、新能源，减少建筑运营过程中的能耗。

（5）历史文化

文化是历史的沉淀，存留于建筑间，融汇在生活里。随着社会的发展，文化已成为国家和城市综合竞争力的体现。在旧工业建筑再生利用的规划设计中，应理清人、空间、文化三个元素相互之间的关系，通过合理的规划设计，通过空间重构、记忆再现等方式，实现人对遗产的价值与底蕴的体会、文化的感知与消费。进而营造出特殊的地方感和地方意象，形成城市的独特性格、文化。

5.2.3 旧工业建筑规划设计的基本原则

（1）地域性

旧工业建筑的规划应结合当地的自然条件、技术条件、发展规划，科学合理地选择改造模式、产业结构及产业布局，以获得物尽其用的最大经济效益、社会效益。

（2）超前性

旧工业建筑改造的规划设计应具有超前性，与城市的发展规划相结合，使用先进的技术，使其不仅能满足现阶段的市场需求，还能保证其在今后很长一段时间内都不会过时和淘汰。

（3）多样性

多样性是建立旧工业建筑产业园区链网结构的基础，要实现其多样性发展，就要确保园区产业的多元化发展，以满足园区未来发展具有较高的柔韧性和适应性。

（4）链接性

产业园区的规划要考虑园区产业之间的联系问题及上下游配套问题，使产业之间形成类似自然生态系统中的生态链。因此，园区规划的关键就在于产业之间的配套与链接。

5.2.4　旧工业建筑规划设计特点

一个好的旧工业建筑规划设计应该同时兼具消费、印象、感知、情怀及文化。

（1）消费

消费是旧工业建筑再生利用实现其经济价值的体现，通过对旧工业建筑使用功能、产业结构的重新规划设计，实现该项目以及带动周边地区的繁荣复兴。

（2）印象

通过对具有代表性、地标性的旧工业建筑的再生利用，让它成为一个地区，一个城市的代名词，成为城市印象。

（3）感知、情怀

一个优秀的旧工业建筑再生利用项目应更多地体现对人的关注，在再生利用规划设计中不仅要考虑经济性，还应使再生的项目具有感知与情怀，它是过去几十年甚至上百年无数人生活工作的地方，是一个城市发展的印记，是许多人一生的缩影。

（4）文化

在旧工业建筑的规划设计中应注重对文化的挖掘以及保护、利用。旧工业建筑的文化价值对于城市发展和市民生活质量提高具有不可替代的价值。一个城市有了文化遗产的存在，就有了历史底蕴，就有了文明的气息，它维系着城市的核心情感和价值，作为城市文化的重要组成部分，深深地印刻在市民们的记忆里。因此，今天对旧工业建筑文化价值的保护不仅仅是保存历史遗迹以满足人们对昔日工业文化的怀念，追溯过去苍老的往事，更是为了从物质和精神层面上延续我们的城市文化甚至生活本身。

5.3　设计阶段绿色再生管理

5.3.1　概念与内涵

设计阶段的绿色再生管理，就是对城市、景观、建筑以生态的角度进行设计，设计出人与自然和谐共存的生态系统。主要是指通过相应的技术手段，在满足改造后建筑的使用功能的前提下，使建筑物外观与所处的环境相匹配，同时利用绿色设计理念技术，改造建筑内部环境，为人们提供健康舒适的空间。尽可能地利用自然条件，减少对资源、能源的消耗。简单来说，就是将建筑视为自然环境的一部分，使改造后的建筑融入大的自然循环圈，依照自然生态的系统原则来考虑资源、能源的流动，达到节约资源、保护环境的目的。

5.3.2　旧工业建筑绿色再生设计的基本原则

旧工业建筑改造设计的基本原则主要有以下几点，如图5.4所示。

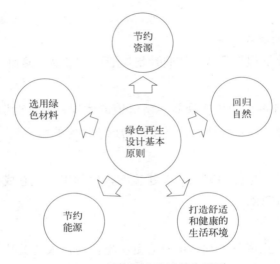

图 5.4　绿色再生设计基本原则

（1）节约资源

在旧工业建筑设计、改造和建筑材料的选择中，均应考虑资源的合理使用和处置。要减少资源的使用，力求使资源可再生利用。节约水资源，包括绿化的节约用水。

（2）回归自然

旧工业建筑外部的改造要强调与周边环境相融合，和谐一致、动静互补，做到保护自然生态环境。

（3）舒适和健康的生活环境

旧工业建筑内部应进行合理的空间布局。应保证室内空气清新，温、湿度适当，使居住者感觉良好，身心健康。

（4）节约能源

节约能源主要从两个方面出发。一是充分利用可再生能源，如太阳能、风能、地热能等，减少化石能源的使用。利用太阳能，将屋顶改造成太阳能光电屋顶，既能产生电能，又能产生热能，使用太阳能光电玻璃，既能保温隔热，又能产生电能；利用风能，根据自然通风的原理设置风冷系统，使建筑能够有效地利用夏季的主导风向，增加室内空气流通，降低室内温度；二是采用保温隔热性能好的建筑围护结构，更新使用低能耗、节能环保的采暖和空调，建筑采用适应当地气候条件的平面形式及总体布局，减少采暖和空调的使用。

（5）材料的选择与管理

旧工业建筑在设计过程中材料的选择与管理也是十分重要的，在材料的选择上可以遵循以下原则：

1）生态设计必须采用生态材料，即其用材不能对人体和环境造成任何危害，做到无毒害、无污染、无放射性、无噪声，从而有利于环境保护和人体健康。

2）其生产材料应尽可能采用天然材料，大量使用废渣、垃圾、废液等废弃物。

3）采用低能耗制造工艺和无污染环境的生产技术。

4）在产品配制和生产过程中，不得使用甲醛、卤化物溶剂、芳香族碳氢化合物；产品中不得含有汞及其化合物的颜料和添加剂。

5）产品可循环或回收利用，无污染环境的废弃物。

6）在可能的情况下选用建筑废弃材料，如拆卸下来的木材、五金等，减轻垃圾填埋的压力。

7）避免使用能够产生破坏臭氧层的化学物质的机具设备和绝缘材料。

8）购买本地生产的建筑材料，体现设计的乡土观念。避免使用会释放污染物的材料。

9）最大限度地使用可再生材料，最低限度地使用不可再生材料。

5.3.3　旧工业建筑绿色再生方法

清华大学的江忆院士曾说过："不同的气候条件，不同的功能型建筑，不同的经济状况，不同的建筑使用模式，要求建筑节能的模式就不一样，所面临的核心问题就不一样。"因此在旧工业建筑的改造设计中，应结合项目所在地的实际情况，确定合适的改造方法。

在旧工业建筑的绿色再生设计时，应优先选择被动式设计方法，尽量减少能源装机容量，主要依靠自然力量和条件有效地弥补主动技术的不足或提高主动技术的效率。通过被动式设计方法，减少或不使用制冷、制热及采光设备，同时创造高质量的室内环境和室外环境。如通过环境整饬改善室外环境的微气候、通过建筑切薄来加强建筑的自然采光和通风、通过界面缓冲来提高建筑的隔热性能等。现阶段常用的节能改造设计如表 5.1 所示。

（1）建筑腔体原理

旧工业建筑多是大跨度大空间，建筑的体形和内部空间的改造是工业建筑改造的主要因素。合理的形体空间能有效加强建筑内部的空气流动和自然采光。建筑腔体即建筑通过采取合适的空间形态，运用相应的技术措施及适当的细部构造，与环境自然因素相结合，与环境进行能量交换时，内部的运作机制与生物腔体相似，通过一些技术手段高效低能耗地营造出舒适宜人的内部环境的建筑空间。下面我们就腔体植入进行深入介绍。

节能改造设计   表 5.1

1	环境整饬	物理环境的改善	风环境的改善
			热环境的改善
			声环境的改善
		外部场地置换	地面材料
			绿色景观
			水体景观
2	建筑切薄	形体改造	
		空间重组	空间划分
			空间合并
			空间嵌套
			空间延伸
		腔体植入	
3	界面缓冲	外墙改造	外墙隔热改造
			外墙通风改造
			外墙遮阳改造
		屋顶改造	屋顶隔热
			屋顶架空
			屋面绿化

　　建筑腔体加强室内通风主要是利用风压的自然通风原理和利用热压通风的拔风原理，其主要工作原理如图 5.5 所示。除加强室内通风，它还能改善室内的采光。

　　1）利用风压通风的原理

　　风压是形成自然通风的主要因素，由于建筑物的阻挡，建筑的迎面风和背面风由于压力的变化产生压力差，建筑上的空洞由于正负压差的作用而产生了气体流动，使室内的空气循环流动。风压通风必须依赖充足的风力条件来实现，但由于风力是不稳定的地方气候因素，因此必须结合地方风力统计特征而设计。

　　2）利用热压通风的拔风原理

　　热压通风即我们平时讲的烟囱效应，

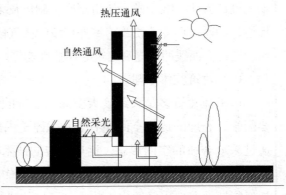

图 5.5　建筑腔体[19]

就是由于室内外的温差，导致空气的密度不同，从而热空气上升，冷空气下降的一种自然通风方式。室内外温差越大，进出风口高度差越大，则热压作用越强。

3）利用太阳光的自然采光原理

利用建筑腔体同样能增加室内的采光。利用腔体的侧部或顶部来引入自然光，还可以在腔体内部设置反射井，使各个空间能用到自然光，改造中充分利用自然光源能大大地减少能源的消耗。

（2）建筑腔体形式

根据腔体这种缓冲空间的作用和位置，可以把腔体分为 4 种类型，每种都有不同的特点和适用范围，如表 5.2[19] 所示。

腔体形式　　　　　　　　　　　　　　　　　　　　　　　　　　表 5.2

类型	特点	图示	相关因素
外廊式	将生态腔体设置于建筑物的一侧，将其作为共享空间使用，这种形式的特点为：单侧采光，隔热较好，通风一般	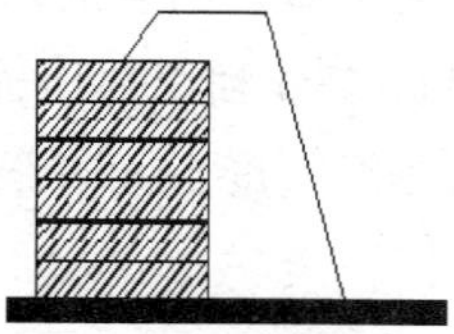	烟囱效应，单侧自然采光，建筑隔热
中庭式	生态腔体被安装于建筑物中心，建筑物各空间通过腔体相互联系，这种形式的特点是：建筑物采光、通风较好	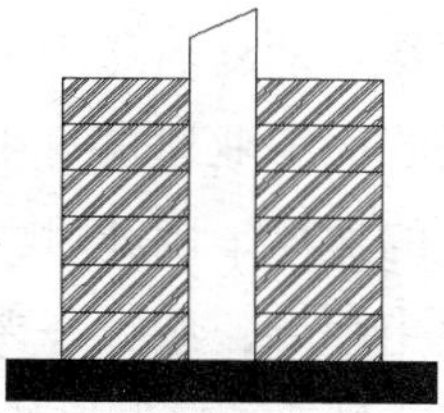	烟囱效应（热压、风压通风）顶部自然采光，可结合绿色调节室内微气候
大跨式	用中庭连接两个相邻建筑，通过热压原理组织建筑内部的自然通风	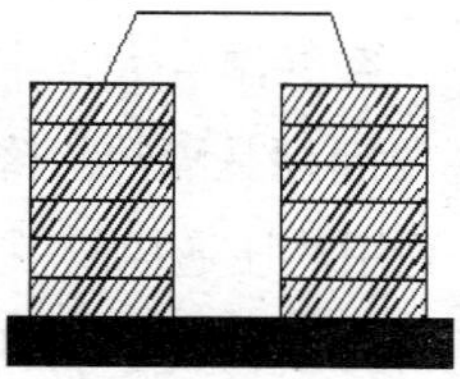	烟囱效应（热压、风压通风）顶部自然采光
自由式	根据相关需要在建筑内部设置腔体，能合理地解决建筑内部的通风和采光问题	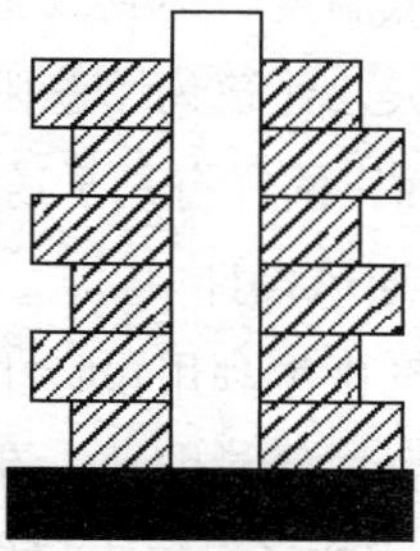	烟囱效应（热压、风压通风）利用导风口组织通风，自然采光，利用绿化调节室内气候

（3）不同气候条件下的腔体设计

建筑腔体除了具有以上几种不同的形式外，在设计时还应该注意腔体的形式与建筑所处的气候环境息息相关。建筑处于不同的气候环境，设计所需达到的目的也不尽相同，如在高温潮湿气候区，虽然气流运动带来室外热量，但通风造成的汗液蒸发能有效帮助人们抵抗酷热环境；在高温干燥气候区，夏季营造舒适的室内环境的前提是减小直接通风与太阳辐射；在冬季干冷气候区，建筑中应首要考虑避免通风带来的人体热量过度损失，减小气流运动所带来的湿度降低；湿冷气候区在满足室内新鲜空气换气量，减小湿度对人影响的同时，还要避免通风造成的建筑室内空间的过度失热。因此设计时应针对不同的气候环境设计出与环境相适应的结构形式。

1）干热地区的建筑腔体通风设计

在干热地区，如我国的新疆，气候炎热干燥，气温高，昼夜温差大，太阳辐射强烈。处于这一地区的旧工业建筑再生利用面临的首要问题是强烈的太阳辐射，白天有太阳时酷热，太阳落山后气温又急速下降，所有建筑既要保温，又要防晒隔热。在这一地区的旧工业建筑再生利用设计时应充分利用热压通风，可以利用楼梯或在建筑内设置风井，实现通风。为了改善顶层的热舒适度，同时强化烟囱效应，可在顶层设置拔风井，使热气远离人体活动的区域。

2）温和气候地区的建筑腔体通风设计

温和气候区主要的气候特点是夏热冬冷，四季分明，在冬季需要采暖保温，在夏季又需要隔热。因此温和地区的旧工业建筑再生利用设计时，通风是问题的关键所在。由于该地区建筑夏季需要大量的通风，因此风井等建筑腔体的形式并不适用，一般采用中庭或庭院来组织通风。若采用中庭，应综合考虑中庭的烟囱效应和温室效应，尽量在保障夏季通风排热的同时，满足冬季采暖保温的需求，合理设置。

3）湿热地区的建筑腔体通风设计

湿热地区的特点是炎热，空气湿度大，常年处于高温高湿的状态。在旧工业建筑再生利用设计时需要解决的主要问题是隔热、降温、排雨、防潮以及减少太阳辐射等。这一地区由于室内外温差小，采用热压通风的效果并不明显，而这一地区自然通风比较多，利用风压通风让新风直接吹拂过人体，以达到直接蒸发冷却作用，即靠大量的自然通风来迅速排除室内的闷热而降低温度，达到改善室内环境，提高室内舒适度的目的。由于湿热地区雨水多、太阳辐射大，建筑为了遮阳和避雨多采用坡度较大的高耸坡屋顶，这样剖面就成了一个文丘里断面，同样有利于通风。

4）寒冷地区的建筑腔体通风设计

在寒冷地区，旧工业建筑再生利用设计主要考虑保温和气密性两方面，其通风设计只要维持生命安全的最小必要换气量即可。在设计时应注意在尽可能提高建筑物保温性和气密性的同时，还需设置专用的通风口来确保室内的安全通风量。假如室内有燃火取暖，可设置烟囱或壁炉，来有效排除浓烟废气，引进的新风一般是以封闭的路径从间隙通风口传来，空气不会直接吹过人体表面，不会造成人寒冷的不舒适感觉。

5.3.4　旧工业建筑绿色再生设计模式

在旧工业建筑绿色再生设计中，再生模式的选取将直接影响再生利用的效果，在确定再生模式时要考虑多方面的因素，如市场需求、建筑周边环境、城市规划、建筑结构形式等。同时由于人们眼界的拓展和市场需求的转变、开放的环境对各种文化包容性的增强等原因，旧工业建筑绿色再生不再是单一的再生利用，而是逐渐向多元化方向发展。

旧工业建筑的绿色再生设计中多元化发展主要体现在建筑改造模式的多元化、改造风格的多元化以及改造的功能多元化。多元化的再生方式让旧工业建筑创造更多的经济效益，此外对周边的经济、环境和交通条件的改善和发展同样起到了推动作用，不局限、不单一的设计模式能让旧工业建筑再生设计成更多的建筑类型，提高人们生活质量，还对城市更新起到促进作用。

现在比较常用的再生利用设计模式有保持原有功能的翻新设计，再生设计为办公空间、住宅、学校、展示空间、商业空间、纪念性主题公园、博物馆等。在再生利用设计时，可以参考原建筑形式特点选取一种或多种结合的再生利用模式。各种再生利用模式的特点如表 5.3 所示。

再生模式适用范围及特点　　　　　　　　　　　　表 5.3

再生模式	适用范围	特点
翻新设计	具有较好的内部空间、结构体系和立面造型以及历史意义	优点：能够较大限度地保留和还原原有建筑的外部形势与内部空间，耗时短，各方面的损耗都较小。 缺点：这种再生设计模式具有局限性
办公空间	大跨型、常规型旧工业建筑，或再生利用限制较大的旧工业建筑	具有工业气息的办公空间，同普通办公空间相比，有更高的艺术价值和品位，同时建筑本身还有较好的文化价值
住宅	轻工业厂房、多层厂房、仓库	优点：空间简洁和结构设备经济、面积小、开间小，与新建相比能节省大量成本
学校	场地宽裕，所处区位比较偏	工业气息浓厚的旧工业建筑，通过再生设计可以成为校园内独特的风景线，丰富在校师生们的校园文化生活，成为校园内赋有个性化的空间，旧工业建筑再生设计为教学空间具有很好的文化价值
商业空间	位于城市中心地带，交通便利；内部空间规整、宽敞	一般改造为商业空间及步行街，再如商场、批发市场、制造厂、餐厅、酒吧等，能很好地与环境融合，产生效益
纪念性主题公园	规模较大的旧工业建筑群、工厂和旧工业区	充分利用厂区内的建筑物、构筑物、工业元素和生态环境，为人们提供了一个很好的场所，可以游玩、休息、怀旧等，丰富当地的文化活动
展示空间	具有典型的建筑风格、艺术效果和文化景观	再生设计为展览馆、博物馆、纪念馆、画廊、图书馆等，可以充分利用建筑自身所具有的遗产优势，具有营造艺术气息和历史氛围的特性

5.4 施工阶段绿色再生管理

5.4.1 概念与内涵

施工阶段的绿色再生管理是指工程建设中，在保证质量、安全等基本要求的前提下，通过科学管理和技术进步，最大限度地节约资源并减少对环境负面影响的施工活动，实现节能、节地、节水、节材和环境保护（"四节一环保"）。是实现旧工业建筑改造资源节约和节能减排的关键环节。它是可持续发展理念在工程施工中全面应用的体现，包括生态与环境保护、资源与能源利用、社会与经济的发展等多方面内容。

5.4.2 施工阶段绿色再生管理的原则

（1）妥善利用原有旧工业建筑的结构

旧工业建筑的改造与新建项目不同，是在原有的基础上进行完善和修改。在施工过程中应减少对原建筑结构的拆除等工作，通过合理的方式使原结构成为改造后的一部分，这样既可以减少拆除过程中造成的环境污染，避免形成不必要的建筑垃圾，同时还能节省下新建所需的材料、机械、人工等。是旧工业建筑施工阶段绿色再生管理的重要方法。

（2）材料的选择与管理

在旧工业建筑的改造中，材料的选择与管理是节约资源的主要手段，也直接影响着绿色管理的质量，主要通过以下三个方面来实现。

一是尽量使用可再生的或含有可再生成分的产品和材料，这有助于将可回收部分从废弃物中分离出来，同时减少了原始材料的使用，即减少了自然资源的消耗；二是通过有效的管理减少材料的损耗，通过更仔细的采购，合理的现场保管，减少材料的搬运次数，减少包装，完善操作工艺，增加摊销材料的周转次数等降低材料在使用中的消耗，提高材料的使用效率；三是加大资源和材料的回收利用、循环利用，如在施工现场建立废物回收系统，再回收或重复利用在拆除时得到的材料，这可减少施工中材料的消耗量或通过销售来增加企业的收入，也可降低企业运输或填埋垃圾的费用。

（3）减少环境污染提高环境品质

施工中产生的大量灰尘、噪声、有毒有害气体、废物等会对环境品质造成严重的影响。因此，减少环境污染，提高环境品质也是绿色施工的基本原则。提高与施工有关的室内外空气品质是该原则的最主要内容。施工过程中,扰动建筑材料和系统所产生的灰尘,从材料、产品、施工设备或施工过程中散发出来的挥发性有机化合物或微粒均会引起室内外空气品质问题。常用的提高施工场地空气品质的绿色施工技术措施有：

1）制定有关室内外空气品质的施工管理计划；

2）安装局部临时排风或局部净化和过滤设备；

3）进行必要的绿化，经常洒水清扫，防止建筑垃圾堆积在建筑物内，贮存好可能造成污染的材料；

　　4）采用更安全、健康的建筑机械或生产方式，如用商品混凝土代替现场混凝土搅拌，可大幅度地消除粉尘污染；

　　5）合理安排施工顺序，尽量减少一些建筑材料，如地毯、顶棚饰面等对污染物的吸收；

　　6）对于施工时仍在使用的建筑物而言，应将有毒的工作安排在非工作时间进行，并与通风措施相结合，在进行有毒工作时以及工作完成以后，用室外新鲜空气对现场通风。

　　（4）科学管理，保证施工质量

　　在旧工业建筑的改造中，必须建立、完善企业的绿色施工管理制度，实施科学管理，提高企业管理水平，使企业从被动地适应转变为主动地响应。这将充分发挥绿色施工对促进可持续发展的作用，增加绿色施工的经济性效果，增加承包商采用绿色施工的积极性。

　　实施绿色施工，尽可能减少场地干扰，提高资源和材料利用效率，增加材料的回收利用等，但采用这些手段的前提是要确保工程质量。好的工程质量，可延长项目寿命，降低项目日常运行费用，利于使用者的健康和安全，促进社会经济发展，其本身就是可持续发展的体现。

5.4.3　施工阶段绿色再生管理的内容

　　绿色施工管理主要包括组织管理、规划管理、实施管理、评价管理、人员安全与健康管理、技术管理六个方面的内容，如图 5.6 所示。在旧工业建筑的改造施工管理中，这六方面的内容缺一不可，只有通过协调配合做好了这六方面的管理，才能真正实现旧工业建筑的绿色再生[26]。

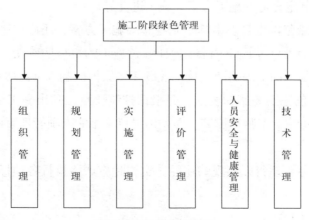

图 5.6　绿色管理内容

　　（1）组织管理

　　组织管理是指通过建立健全旧工业建筑绿色再生管理组织结构，合理配备人员，规定职务或职位将绿色施工有关内容分解到管理体系目标中去，制订各项规章制度，明确责权关系等，以有效实现旧工业建筑改造目标的过程。其主要的工作内容为：

1）完善管理体系

根据施工管理的特点、外部环境和目标需要划分工作部门，设计组织机构和结构；为了完成施工阶段的绿色再生，可以设计两级绿色施工管理部门，一是建设单位组织协调的管理部门，二是施工单位的实施管理部门，两者相互配合完成管理目标。

2）任务分工及职能责任分配

根据管理的需要，规定组织结构中的各种职务或职位，将任务分解，并分配到每个部门或个人手中，明确各自的责任，并授予相应的权力；在项目实施过程中，还应对其进行不断跟踪，调节完善。

3）制订规章制度

建立和健全组织结构中纵横各方面的相互关系。依据制度经济学，"道"是理想与"器"是体制；施工管理的政策制度化，才能实施可操作性管理。

4）建立沟通交流机制

及时的沟通交流能更好地完成管理目标，因此在旧工业建筑绿色再生管理中，应建立良好的内外部沟通交流机制，使内部能及时获取最新的政策、技术、方法，然后对施工进行相应调整；同时及时将项目内部实际执行情况以及存在的问题传递给相应部门，做出合适处理。

（2）规划管理

规划管理是指根据最终的目标要求，制定比较全面长远的发展计划，是对未来整体性、长期性、基本性问题的思考和考量，设计未来整套行动的方案。具体就是结合项目所在地的气候、环境等制定合适的施工方案、施工进度等。

在旧工业建筑绿色再生管理中除了制定总的施工方案，还应编制绿色施工方案。在绿色施工方案编制时要注意以下内容：①让绿色施工的目标明确化、细分化、量化，这样更利于实施和控制。如资源的消耗量、现场环境保护控制水平。②根据施工工艺方法，提出建设过程中绿色施工控制的要点，并根据控制要点，列出施工中保证实施的措施，如节能措施、节水措施、节财措施等。③列出绿色施工的专项管理手段方式。

（3）实施管理

实施管理是绿色管理得以实现的途径。实施时应严格执行各项标准要求，按所做的规划实施。

1）绿色施工目标控制

随着施工的进行，常常会出现一些干扰因素阻碍绿色施工目标的实现，因此为了保证管理目标的顺利完成，需采取一些手段对整个施工工程进行控制。首先将管理目标进行分解，将绿色施工目标的限制作为实际施工中的目标值进行控制。其次施工是一个动态的变化过程，因此需要进行动态控制。在施工中注意收集各个阶段绿色施工控制的实测数据，定期将实测数据与目标值进行比较，当发现偏离时，及时分析偏离原因、确定纠正措施、采取纠正行动，实现 PDCA 循环控制管理，将控制贯穿到施工策划、施工准备、材料采购、现场施工、工程验收等各阶段的管理和监督之中，直至目标实现为止。

2）施工现场管理

旧工业建筑绿色再生项目环境污染和资源能源消耗浪费主要发生在施工现场，因此施工现场管理的好坏，直接决定绿色施工整体目标能否实现。绿色施工现场管理的内容如图 5.7 所示。

> (a) 明确绿色施工控制要点。结合工程项目的特点和施工过程，将绿色施工方案中的绿色施工控制要点进行有针对性地宣传和交底，强化管理人员对控制目标的理解。
>
> (b) 制定管理计划。明确各级管理人员的绿色施工管理责任，明确各级管理人员相互间、现场与外界（项目业主、设计、政府等）间的沟通交流渠道与方式。
>
> (c) 根据绿色施工控制要点，制定专项管理措施，如节水措施，加强对一线管理人员和操作人员的宣传教育和培训。
>
> (d) 监督实施。对绿色施工控制要点要确保贯彻实施，对现场管理过程中发现的问题进行及时详细地记录，分析未能达标的原因，提出改正及预防措施并予以执行，逐步实现绿色施工管理目标。

图 5.7　绿色施工现场管理内容

（4）评价管理

评价管理是对之前所做的绿色管理的检验，为企业今后或下一步的管理提供参考指导。因此旧工业建筑绿色再生施工管理中应建立企业自身的评价体系。根据绿色施工方案，对绿色施工效果进行评价。按照评级指标等级和评分标准，分阶段对绿色施工方案、实施过程进行综合评估，判定绿色施工管理效果。评价结果将作为施工动态调节的依据，对施工方案、施工技术和管理措施中的不足进行改进、优化，以便在接下来的施工管理中，更好地达到预定目标。常用的评价方法有人工神经网络评价法、模糊综合评判法、数据包络分析法、灰色综合评价法、层次分析法等，详见本书第 6 章绿色评价部分。

（5）人员安全与健康管理

人员安全与健康管理也是绿色管理的一项重要内容。绿色施工就是以人为本，关注人的感受。具体就是根据相应规范要求等制定人员安全健康管理保障制度、措施，并严格按其执行。如制订施工防尘、防毒、防噪声等措施，保障施工人员的职业健康。科学、合理地布置施工场地，确保生活区和办公区不受施工活动的有害影响。提供卫生、健康的工作与生活环境，加强对现场人员的住宿、饮食、饮用水等生活与环境卫生等管理，改善施工人员的生活条件。建立健全卫生急救、保健防疫制度，并编制突发事件预案，在疾病疫情以及事故安全发生时，积极提供妥善救助，将损失降到最低。设置警告标示牌、突发事故处理方式提示牌等。

（6）技术管理

在旧工业建筑绿色再生施工管理中，技术管理是绿色施工目标实现的技术保障。主要包括对新技术的推广使用，对节能环保技术的实施管理，以及通过对信息技术的使用，来提高整体的管理水平。

1）制定专项技术管理措施

在旧工业建筑绿色再生施工管理中，施工单位需要不断总结与实践绿色施工经验，结合"四节一环保"及相关的绿色施工技术要求，进一步完善现场管理办法以及绿色施工步骤，进一步发展适合绿色施工的环境保护技术与资源利用技术。制定节材、节能、节水和节地的基本要求和具体措施。

2）大力推广应用绿色施工新技术

在绿色施工的管理中，企业应作为新技术发展推广的助推器，要建立创新的激励机制，加大资金投入，大力推进绿色施工技术的开发和研究，对绿色施工监测技术、绿色节能技术、咨询循环利用技术等进行研发改进，不断增强自主创新能力，推广应用新技术、新工艺、新材料、新设备。通过对新技术的推广使用，能全面提升施工现场的绿色管理水平，推动旧工业建筑绿色再生利用向环境友好型产业发展。

3）应用信息化技术，提高绿色施工管理水平

发达国家绿色施工采取的有效方法之一是信息化（情报化）施工，这是一种依靠动态参数（作业机械和施工现场信息）实施定量、动态（实时）施工管理的绿色施工方式。施工中工作量是动态变化的，施工资源的投入也将随之变化。要适应这样的变化，必须采用信息化技术，依靠动态参数，实施定量、动态的施工管理，以最少的资源投入完成工程任务，达到高效、低耗、环保的目的。

5.5　运营阶段绿色再生管理

5.5.1　概念与内涵

从图 5.8 建筑生命周期成本统计分析可以看出，一个项目，运维费占到了总成本的 85%，由此可见运维管理的重要性。它是旧工业建筑绿色再生目标得以实现的重要阶段。旧工业建筑再生利用项目的绿色运营管理是坚持可持续发展的理念，通过健全的管理制

图 5.8　建筑生命周期成本统计

度、先进的管理技术等手段，对投入使用的项目的运营过程进行有效地管理，使建筑物在使用过程中最大限度地减少资源、能源的消耗，并维持健康舒适的环境。建筑的运维管理涉及多个方面的内容，如环境、生态、能源、资源、经济、建筑物、设备、安全、通信网络等。

5.5.2　管理体系的完善

（1）建立运营管理相关标准

为了提升旧工业建筑再生利用的运维管理水平，首先应完善运维管理体系，建立健全的运维管理标准，为管理工作做指导，做到有章可循。但目前而言，我国运营管理的相应标准还不全面，有待进一步发展。在制定运维管理标准时，可以参考国外完善的标准体系，如美国的 LEED-EB 体系、英国的 BREEAM-In Use 体系、日本的 CASBEE-EB 体系等，这些国外的管理体系对管理内容各有侧重，异同之处如表 5.4 所示，在参考借鉴时要结合国内旧工业建筑绿色再生项目运维管理的实际情况进行制定。

国内外绿色建筑评价标准体系中运营阶段标准比较　　　　　　　　　　　表 5.4

国家	评价标准	专门的运营阶段标准体系	评价对象	内容划分
美国	LEED	LEED-EB	建筑本身及运营过程	节水、能源与大气、材料与能源、室内外环境
英国	BREEAM	BREEAM-In Use	建筑本身及运营过程	建筑性能、运营性能和业主管理
日本	CASBEE	CASBEE-EB	建筑本身及运营过程	建筑的内部和外部
中国	《绿色建筑评价标准》	无	建筑本身	管理制度、技术管理和环境管理

注：表选自"绿色建筑运营管理标准的构建原则"。

（2）完善组织管理体系

旧工业建筑绿色再生项目的运维管理同施工管理一样重要，应配备专门的管理人员，根据管理内容完善组织结构，将管理目标细分，做到每个人的职责权利细化。采用合理的组织结构形式，提高管理效率，让问题终止在萌芽阶段。

（3）管理技术

原建设部副部长仇保兴曾提出："以智能化推进绿色建筑，节约能源，降低资源消耗和浪费，减少污染，是建筑智能化发展的方向和目的，也是绿色建筑发展的必经之路。"旧工业建筑绿色再生项目同样需要采用大量的智能系统来保证建设目标的实现，这一过程需要信息、控制、管理与决策。智能化、信息化是不可缺少的技术手段。智能化管理流程如图 5.9 所示。

建筑智能化管理首先需要确保建筑智能化系统定位合理，信息网络系统功能完善，并且能够支持通信和计算机网络的应用，保证运行的安全可靠；其次，建筑通风、空调、照明等设备自动监控系统技术合理，系统高效运营。自动监控系统应对公共建筑内的空调通风系统冷热源、风机、水泵、空调等设备进行有效监测。对于照明系统，可采用感应式或延时的自动控制方式实现建筑的照明节能运行。旧工业建筑绿色再生利用多改造成学校、艺术园区、博物馆等公共建筑，少量改造成住宅。在旧工业建筑绿色再生项目中，公共建筑与住宅所配备的智能系统是有差别的，它们的具体内容如图 5.10 所示。

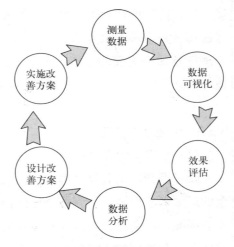

图 5.9　智能化管理流程

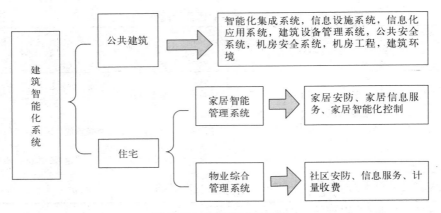

图 5.10　建筑智能化系统

1）分户、分类计量

分项计量是指对建筑的水、电、燃气、集中供热、集中供冷等各种能耗进行监测，从而得出建筑物的总能耗量和不同能源种类、不同功能系统的能耗量。要实现分项计量，必须进行数据采集、数据传输、数据存储和数据分析等。

对于公共建筑，办公、商场类建筑对电能和冷热量具有计量装置和收费措施；按不同用途（照明插座用电、空调用电、动力用电和特殊用电）、不同能源资源类型（如电、燃气、燃油、水等），分别设置计测仪表实施分项计量；新建公共建筑应做到全面计量、分类管理、指标核定、全额收费。通过耗电量和冷热量的分项计量，分析并采取相应的节能措施以符合绿色建筑节能运营的目标。

在旧工业建筑绿色再生利用的运营管理中，首先，要做好全年计量与收费记录。其次，如果所管理的建筑加入了政府的能耗监测网络（目前以大型公共建筑为主），还要配合相关部门安装能耗计量仪表，并按要求传送相关能耗数据。最后，跟踪能耗数据，准确找出建筑的能耗浪费和节能潜力，对症下药，做好本楼宇节能工作。

2）空调清洗

使用中央空调系统的公共建筑和住宅，需对空调系统定期清洗，保证空调送风风质符合《室内空气中细菌总数卫生标准》GB 17093 的要求。空调系统启用前，应对系统的过滤器、表冷器、加热器、加湿器、冷凝水盘及风管进行全面检查、清洗或更换。

3）设备检测与管理

从图 5.11 故障率与维护管理关系可以看出，有效的运营维护可以延长设备的使用寿命，降低故障率。通过运维管理机构的定期检查以及对设备系统的调试，根据环境与能耗的监测数据，进行设备系统的运行优化与能效管理，提高建筑物的能效管理水平。

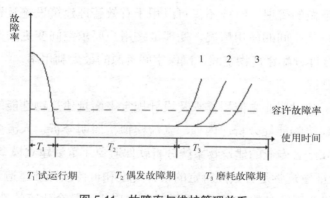

图 5.11　故障率与维护管理关系

4）信息化管理

信息化管理是实现旧工业建筑绿色再生运维管理定量化、精细化的重要手段，对保障建筑的安全、舒适、高效及节能环保的运行效果，具有重要作用。

在建筑物的管理中经常存在着工程图纸资料、设备、设施、配件等档案资料不全的情况，给运营管理、维修、改造等带来不便。如部分设备、设施、配件需要更换时，往往由于找不到原有型号规格、生产厂家等资料，只能采用替代产品，就会带来由于不适配而需要另外改造的问题。为避免上述问题的发生，可采用信息化手段建立完善的建筑工程及设备、能耗监管、配件档案及维修记录数据库。

在运维管理中，除了对设备设施等信息的保存管理外，还需连续地对建筑的运行情况作记录，如日常管理记录，全年计量，建筑智能化系统运行数据记录，能源和环境的监测数据，设备的故障维修记录，垃圾处理记录，废气、废水处理和排放记录。各种运行管理记录应完整、准确、齐全，以便于统一管理和统计分析[27]。

5）BIM 技术在运维管理中的应用

在建筑的运维管理中，合理使用 BIM 技术可以进行设备设施的管理、空间管理、建筑系统分析等业务，能大大提高管理水平与效率，降低运营成本。

①设备设施的管理

在建筑物使用寿命期间，建筑物结构设施（如墙、楼板、屋顶等）和设备设施（如设备、管道等）都需要不断得到维护。一个成功的维护方案将提高建筑物性能，降低能耗和修理费用，进而降低总体维护成本。BIM 模型结合运营维护管理系统可以充分发挥空间定位和数据记录的优势，合理制定维护计划，分配专人专项维护工作，以降低建筑物在使用过程中出现突发状况的概率。对一些重要设备还可以跟踪维护工作的历史记录，以便对设备的适用状态提前作出判断。

②空间管理

空间管理是业主为节省空间成本、有效利用空间、为最终用户提供良好工作生活环境而对建筑空间所做的管理。BIM 不仅可以用于有效管理建筑设施及资产等资源，也可以帮助管理团队记录空间的使用情况，处理最终用户要求空间变更的请求，分析现有空间的使用情况，合理分配建筑物空间，确保空间资源的最大利用率。

③建筑系统分析

建筑系统分析是对照业主使用需求及设计规定来衡量建筑物性能的过程，包括机械系统如何操作和建筑物能耗分析、内外部气流模拟、照明分析、人流分析等涉及建筑物性能的评估。BIM 结合专业的建筑物系统分析软件避免了重复建立模型和采集系统参数。通过 BIM 可以验证建筑物是否按照特定的设计规定和可持续标准建造，通过这些分析模拟，最终确定、修改系统参数甚至系统改造计划，以提高整个建筑的性能。

第6章 旧工业建筑绿色再生评价

6.1 旧工业建筑绿色再生评价概念与意义

6.1.1 旧工业建筑绿色再生评价概念

旧工业建筑的绿色再生评价是对旧工业建筑再生利用项目是否符合绿色建筑核心要求进行判断的一套标准体系。为突出再生利用项目的特点和既有价值，绿色再生评价不同于常规效果评价或新建项目，绿色再生评价是对建筑经济效益、社会效益及环境效益的综合评价。

6.1.2 旧工业建筑绿色再生评价意义

旧工业建筑需要绿色再生，但是现有的绿色建筑评价标准无法科学合理地评价旧工业建筑再生项目的绿色性。尽管《绿色建筑评价标准》（GB/T 50378—2014）、《建筑工程绿色施工评价标准》（GB/T 50640—2010）、《烟草行业绿色工房评价标准》（YC/T 396—2011）、《绿色医院建筑评价标准》（GB/T 51153—2015）等针对不同类型建筑进行绿色评价的标准相继出台，但是针对旧工业建筑再生项目的绿色评价标准仍是空白。所以，建立一套科学可行的绿色再生旧工业建筑评价标准是指导旧工业建筑合理再生、优化旧工业建筑再生效果的最佳手段。具体意义主要包括三点：（1）推广旧工业建筑再生利用，避免大拆大建，响应中国共产党第十八届中央委员会第五次全体会议上建设资源节约型、环境友好型社会的倡议；（2）指导旧工业建筑绿色再生工作的开展，明确影响旧工业建筑再生利用效果的关键因素，完善现行绿色建筑评价指标系统；阶段辅助决策有效指导旧工业建筑再生方案的选择和确定，有效改善目前旧工业建筑再生项目中存在的问题，优化改造效果；（3）形成一套科学系统的特殊建筑的绿色评价标准研究思路，为其他特殊类型建筑的绿色评价标准的建立提供思路借鉴。

6.2 既有绿色建筑评价标准

6.2.1 现行绿色建筑评价标准分析

（1）国内外既有绿色建筑评价标准分析 [28]

1）国外绿色建筑评价体系

① 英国 BREEAM 体系[29]

BREEAM（Building Research Establishment Environmental Assessment Method）始创于 1990 年，是全球首个被广泛应用的绿色建筑评价体系。核心理念是"因地制宜"和"平衡效益"，采取条款式评价系统，考虑建筑全生命周期的环境影响。评分是以某种类别的性能得分占该种类别性能总分的百分比，乘以该种类别性能的权重比得到。评价内容囊括了选址决策、设计阶段、施工阶段、使用阶段、最终拆除的全寿命周期内各阶段的环境性能。所有评估指标有全球环境影响、当地环境影响和室内环境影响三个方面，具体指标设置如表 6.1 所示[29]。

BREEAM 评估内容及权重　　　　　　　　表 6.1

编号	名称	内容	权重（%）
1	管理	调试、施工现场影响、安全	12
2	健康和舒适	热舒适度；采光，照明；室内空气及水质	15
3	能源	CO_2 排放量；低碳/零碳技术；能源的分项计量；建筑节能系统的应用	19
4	运输	公交系统连接；非机动车相关设施；市政配套便捷度；周边配套设施索引	8
5	水	用水量；检漏；水的循环利用	6
6	材料	材料循环使用；再利用材料；采购的范围；高性能材料的使用	12.5
7	废弃物	建筑垃圾的排放；骨料的再生；回收的设施	7.5
8	土地利用和生态	选址；生态功能的保护；缓解或增强其生态价值	10
9	污染	使用及泄露制冷剂；洪水风险；氮氧化物的排放量；河道的污染；外部光线及噪声污染	10

② 美国能源及环境设计先导计划 LEED[30]

LEED 标准以 BREEAM 为基础开发，自 1998 年施行以来逐渐成为各国评价体系中较为完善、影响力最大的绿色建筑评价体系。其主要目标是满足绿色建筑评定的基本要求，同时改良建筑环境及经济性。它的一个明显的特色是对参评建筑的分类更为详细、具体。分为新建建筑物（LEED-NC）、既有建筑物（LEED-EB）、商业大楼室内设计（LEED-CI）、大楼框架及设施（LEED-CS）、学校（LEED-S）、医疗、住宅和社区发展。该评价体系从可持续场地选择、水资源保护和利用、可再生能源利用和环境保护、材料及资源、室内环境质量这五个方面对建筑进行评价。它偏向于建筑设计和决策的支持工具。主要针对建筑的设计方案或新建的建筑，以辅助设计和辅助决策作为主要的目的，强调了在实施绿色建筑过程中进行干预。预测的结果作为反馈对设计或实施阶段进行影响。通过推荐具体的技术手段、管理的方式、计算机的模拟分析等技术，使实施者通过对方案的调节达到设定绿色目标[31]。

③ 日本建筑物综合环境性能评价体系 CASBEE

日本绿色建筑评价体系——建筑物综合环境性能评价体系 CASBEE（Comprehensive Assessment System for Building Environmental Efficiency）是以非住宅建筑和住宅建筑为对象[32]，以减少环境负荷"L"（能源、资源及建筑用地外环境）和提高建筑物环境质量及性能"Q"（室内环境、服务性能及室外环境）两方面为目标，CASBEE 评估体系指标及权重设置见表 6.2。以 Q/L 的值作为判断建筑物绿色水平的标准，得到评价指标 BEE（Building Environmental Efficiency，即建筑物环境效率）。

CASBEE 评估体系指标及权重设置　　　　　　　　　　　　表 6.2

建筑环境质量与性能（Q）		环境负荷（L）	
评价指标	权重	评价指标	权重
室内环境	0.50	能源	0.5
服务质量	0.35	资源与材料	0.30
场地内室外环境	0.15	场地外室外环境	0.20

CASBEE 是适用于亚洲国家的首个绿色建筑评价体系，尽管它存在着评价项目多、评价工作量大、灵活性差、缺少经济评价指标等缺陷，但将已得到世界认可的生态效率（BEE）应用于实践，增加了评价的客观性和可操作性，使其成为亚洲国家相关体系建立的范本[33]。我国的《绿色奥运建筑评估体系》（GOBAS）就是参考 CASBEE 建立的。

2）我国现行绿色评价体系

①《绿色建筑评价标准》（GB/T 50378—2014）[12]

《绿色建筑评价标准》于 2006 年 6 月 1 日正式颁布实施，2014 年发布了修订版。评价对象分住宅建筑、公共建筑两类，包括节地和室外环境、节能和能源利用等六大指标。它是在借鉴国外先进经验的同时，结合我国国情编制的，重点突出环保及"四节"的要求，定性与定量相结合、系统性与灵活性相结合。在我国实施效果得到了广泛的认可。

② 中国台湾地区绿色建筑评估体系 EEWH 评估系统

中国台湾地区在 1998 年提出了适合中国台湾地区的绿色建筑评估系统，设有基地绿化、基地的保水、水资源利用、日常节能、CO_2 减量、废弃物减量和污水垃圾改善这七个评价指标。1999 年 9 月开始绿建筑标章评选和认证。2002 年，在七大指标的基础上，增加了生物多样性和室内环境指针两大指标，形成了 EEWH 评估系统（Ecology、Energy Saving、Waste Reduction、Healthy）见表 6.3。

绿建筑标章评估指针构架 [34]　　　　　　　　　　　　表 6.3

指针群	一级指针	二级指针
生态 Ecology	生物多样性指针	生态绿网
		小生物栖地
		植物多样性
		土壤生态
		生物共生建筑设计
	绿化量指针	植栽种类
		生态绿化优待
	基地保水指针	常用保水设计
		特殊保水设计
节能 Energy Saving	日常节能指针	建筑外壳节能效率 EEV
		空调系统节能 EAC
		照明系统节能 EL
减废 Waste Reduction	CO_2 减量指针	结构合理化
		建筑轻量化
		耐久化
		再生材料使用
	废弃物减量指针	工程不平衡土方比例 PIe
		施工废弃物产生比例 PIb
		拆除废弃物产生比例 PId
		施工空气污染比例 PIa
健康 Healthy	室内环境指针	声环境
		光环境
		通风换气环境
		室内建材装修
	水资源指针	开源
		节流
	污水垃圾改善指针	污水处理
		垃圾处理

③ 中国香港特区 HK-BEAM[28][35]

《香港建筑环境评估标准》（简称为 HK-BEAM，即 the Hong Kong Building Environmental Assessment Method），是在 BREEM 体系基础上，结合香港本土特色制定的，包括 15 个评价指标、87 个具体标准；包括全球、本地及室内三个环境课题；结果分优秀（大于等于 70%）、很好（60% ~ 70%）、良好（45% ~ 60%）、符合要求（30% ~ 45%）四个级别，主要以新建及已建办公、住宅建筑为对象，在规划、设计和施工阶段进行评价。

3）绿色建筑评价体系对比

根据对现行较成熟的各绿色建筑评价体系的分析归纳，总结现行各评价体系特征比较汇总如表 6.4 所示。

现行绿色评价体系比较　　　　　　　　表 6.4

体系名称	BREEAM（英国）	LEED（美国）	CASBEE（日本）	ESGB（中国大陆）	EEWH（中国台湾地区）
评价对象	新建建筑/既有建筑	新建建筑/既有商业综合建筑	新建/既有/短期使用/改修建筑；热岛现象缓和对策	住宅建筑/公共建筑	住宅建筑/办公建筑/体育场馆建筑
评价内容	管理，健康与舒适性，能耗，交通，水耗，材料，土地利用，位置的生态价值，污染	场地可持续性，水的利用率，耗能与大气，材料与资源保护，室内环境质量，创新与设计和施工	Q：建筑物的质量 L：环境负荷 Q/L：建筑环境效率	节地与室外环境，节能与能源利用，节水与水资源利用，节材与材料资源利用，室内环境质量，施工及运营管理	基地绿化、基地的保水、水资源利用、日常节能、CO_2 减量、废弃物减量、污水垃圾、改善生物多样性、室内环境
量化指标	较完善	少	较完善	较完善	较完善
阶段评估	两阶段	无	两阶段	两阶段	三阶段
可操作性	较易	简易	较复杂	简易	较复杂
评价分级	通过；好；非常好；优秀	白金；金；银；通过	S；A；B+；B-；C	一星；二星；三星	钻石、黄金、银、铜、合格
特点	最早、较为全面的绿色建筑评价体系	简单易行，覆盖面较广；商业性强	提出了建筑物环境效益的新概念	充分参考了其他评价标准，指标内容较完善，适用于中国国情	科学量化、设计优先是适合台湾地区的绿色建筑评估系统

由表 6.4 可知，《绿色建筑评价标准》是以 LEED 为主要参考资料编制的，指标内容设置较为全面适用；在指标的最终确定和评判标准设置上，充分考虑了我国基本国情和地域特色，是最适用于我国现阶段的绿色评价标准，适于充当旧工业建筑绿色再生项目评价标准研究的基础。

(2)《绿色建筑评价标准》的内涵与发展

1)《绿色建筑评价标准》的内涵

① 定义

为了贯彻国家技术经济政策，节约资源、保护环境，规范绿色建筑的评价，推进可持续发展，通过总结国内绿色建筑方面的实践经验及研究成果、借鉴国际经验而制定，由中华人民共和国住房和城乡建设部、中华人民共和国国家质量监督检验检疫总局联合发布了《绿色建筑评价标准》，是适用于我国国情的、用于住宅建筑和公共建筑绿色评价的评价体系。

② 评价依据

《绿色建筑评价标准》是为响应节约资源的号召，在总结我国近年绿色建筑相关实践经验及研究成果的基础上，借鉴国际先进经验制定的多目标、多层次的绿色建筑综合评价标准。以《绿色建筑评价标识管理办法》（建科 [2007]206 号）、《绿色建筑评价技术细则补充说明（规划设计部分）》（建科 [2008]113 号）、《绿色建筑评价技术细则（运行使用部分）》（建科函 [2009]235 号）、《绿色工业建筑评价导则》（建科 [2010]131 号）作为评价依据。

③ 评价指标体系

在 2006 年颁布的《绿色建筑评价标准》中包括节地与室外环境、节能与能源利用、节水与水资源利用、节材与材料资源利用、室内环境质量和运营管理 6 大类指标的基础上，2014 年颁布的《绿色建筑评价标准》新增"施工管理"，更好地实现对建筑全生命期的覆盖。

④ 评价定级方法

《绿色建筑评价标准》GB/T 50378—2014 的评价方法定为逐条评分后分别计算各类指标得分和加分项附加得分，然后对各类指标得分加权求和并累加上附加得分计算出总得分。等级划分则采用"三重控制"的方式：首先仍与原《绿色建筑评价标准》GB/T 50378—2006 一致，保持一定数量的控制项，作为绿色建筑的基本要求；其次每类指标设固定的最低得分要求；最后再依据总得分来具体分级。考虑到各类指标下的评价条文可能并不适用某些建筑的评价，具体评价采用的其实是"得分率"的概念，以合理准确衡量建筑实际达到的绿色程度。

2)绿色建筑评价标准的发展

我国的绿色建筑首先从建筑节能起步。我国的建筑节能工作始于 20 世纪 80 年代。1986 年《民用建筑节能设计标准（采暖居住建筑部分）》发布，建筑节能率目标是 30%，1994 年，该标准修订，将建筑节能率目标提升至 50%，并制订了《建筑节能"九五"计划和 2010 年规划》。1999 年《民用建筑节能管理规定》发布，并于 2005 年进行了修订，期间还分别出台了夏热冬冷地区和夏热冬暖地区建筑节能规划。

随着节能工作的逐步推进以及国外先进思想的影响，2003 年，为了迎接 2008 年北京奥运会的召开，发布了针对奥运场馆内建筑绿色评价的《绿色奥运建筑评估体系》（GOBAS）。2005 年中华人民共和国建设部发布了《公共建筑节能设计标准》，首次对公共建筑能耗要求进行具体的规定。2005 年建设部及科技部联合发布《绿色建筑技术导则》，正式提出因地制宜发展绿色建筑的理念；2006 年 6 月建设部和质量监督检验检疫总局发布《绿色建筑评价标准》（GB/T 50378—2006），随后，各地各省绿色标准相继施行，绿色建筑进入快速发展时期。2010 年，国务院提出"绿色建筑发展纲要"，2013 年国务院转发国家发展改革委、住房和城乡建设部制定了《绿色建筑行动方案》，2014 年，建设部和质量监督检验检疫总局发布了修订版《绿色建筑评价标准》（GB/T 50378—2014）。我国绿色建筑发展标准化历程如图 6.1 所示。

其中，《绿色建筑评价标准》（GB/T 50378—2014）是我国现行绿色建筑评价标准，它是以《绿色建筑评价标准》（GB/T 50378—2006）为基础进行修订的，二者主要区别见表 6.5。

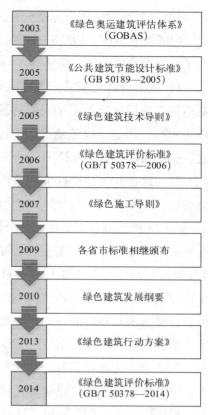

2003	《绿色奥运建筑评估体系》（GOBAS）
2005	《公共建筑节能设计标准》（GB 50189—2005）
2005	《绿色建筑技术导则》
2006	《绿色建筑评价标准》（GB/T 50378—2006）
2007	《绿色施工导则》
2009	各省市标准相继颁布
2010	绿色建筑发展纲要
2013	《绿色建筑行动方案》
2014	《绿色建筑评价标准》（GB/T 50378—2014）

图 6.1　绿色建筑评价标准化发展历程

新旧版《绿色建筑评价标注》主要区别对比　　　　　　　　　　　　　　表 6.5

	旧标准 GB/T 50378—2006	新标准 GB/T 50378—2014	点评
适用范围	住宅建筑和公共建筑中的办公建筑、商业建筑和旅馆建筑	涵盖各类民用建筑	新标准属于集成式绿色建筑标准体系，考虑建筑类型、建筑体量和气候区域，并做出更加特殊吻合的评价
评价方法	条数计数法判定级别	分数计数法判定级别	评价方法升级，判定级别形态与国际流行绿色建筑评价标准 LEED 相一致。条文弹性空间增强，为绿色建筑设计方案和策略提供更为丰富的遴选空间
结构体系	分为节地与室外环境、节能与能源利用等六类。每类指标内设控制项、一般项及优选项	新增施工管理为第七类，将加分项从七个大类里提取出来，设置"提高和创新"一章。将"一般项"和"优选项"合并为"评分项"	新标准结构体系沿用国际主流绿色建筑标准 LEED 的结构体系，实现了建筑全寿命周期的初步覆盖
指标设置	部分技术指标和概念模糊，定性指标比重较大	指标设置更为合理、全面，以定量指标为主	更加详细和可靠的条文分数评价方法，大幅提高可操作性

（3）《绿色建筑评价标准》存在问题分析

尽管相较 GB/T 50378—2006，2014 版的《绿色建筑评价标准》从结构设置等方面都有了一定程度的改进，但仍存在一定的问题：

1）条文与其他相关标准规范的合理对接。部分条款中判别条件的设置与某些地方规范不符，造成执行难度加大的问题。例如，陕西省西安市浐灞生态区内住宅项目绿地率应为 40%，但是《绿色建筑评价标准》4.2.2 条规定，住区绿地率达到 30% 即可得 2 分，这显然是与地方规定相悖的。

2）《绿色建筑评价标准》整体结构的逻辑性不够缜密。标准中的绿色建筑评价指标体系构成如图 6.2 所示，7 种类型并不是按照一个标准进行划分的，这样就带来了很多指标重复或是漏项的问题。例如"节地与室外环境"中 4.3.13 条对雨水专项回收做了规定，这与"节水与水资源利用"中 4.2.10 条中的非传统水源利用就存在一定程度的重复评价的问题；"节材与材料资源利用"中 7.2.3 条和"施工管理"中 9.2.12 条均为土建装修一体化的评价。同时，开发决策阶段、设计阶段也缺乏直观的指导条款。

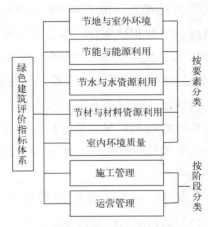

图 6.2　绿色建筑评价指标体系构成

3）条文中"手段"和"目标"相混杂，存在重复评价的条款。类似于"采用某类设备、使用某种方法"都属于手段性的条款，是一种建议性质、辅助达到目标的手段；而"达到某个值、符合某项要求"应该属于目标性条款，是以目的为导向的。这二者之间存在着明显的因果关系。例如，"节能与能源利用"的 5.2.3 条中，第一款对围护结构的热工性能进行了规定，目的是降低建筑能耗；第二款对建筑能耗降低值进行了规定，这是能耗降低的目标。将这两条同时作为评价条款，显然是不合适的。

4）放大了节能技术的效用。《绿色建筑评价标准》中很多强调建筑节能的条款，在各类评价指标的权重设置上，节能与能源利用类的权重也是最高的。根据受美国国务院富布莱特项目资助的清华大学访问学者、LEED 认证建筑师詹姆斯·康纳利的研究发现，由于生活习惯和系统设计的差异，中国城市建筑单位面积的能耗约为美国的 1/4，人均能源消费则约为美国的 1/11。在这样的背景下，致力于节能技术的叠加成为绿色改造的主流模式。而根据调研的现状来看，这种手段微乎其微的收效与前期巨大的投入并不匹配。同时，某些结构简单、体量较小、技术体系简单的项目，为申报二星级绿色建筑，不得不增加过多不必要的设备系统，与绿色建筑的出发点相悖。

5）部分分值设定门槛较低，定值得分无法区分方案优劣。例如 9.2.1 条规定，采取洒水等降尘措施，即可得 6 分。在《绿色建筑评价技术细则》对应的条文说明也规定，只需通过确定降尘计划书（或绿色施工专项方案）中降尘方案具备可行性，具有降尘措施的实施记录及现场照片即均得 6 分。在实际项目评价中，降尘方案有优劣之分，实施效果也不尽相同，同样分值设定不能体现不同方案的优劣程度，进而无法起到督促鼓励的作用。类似的情况还存在于 9.2.2 等条款中。

6）执行效果差。《绿色建筑评价标准》按照设计和运营两个阶段实施，以勘察报告、设计文件等依据进行评价，这种形式审查的模式，导致很多建设单位为了获取绿色建筑补贴、取得绿色建筑标识为建筑销售时吸引客户的噱头而编制"黑白文件"，并不按照报送的文件进行施工，丧失了绿色建筑评价的意义。截至 2015 年 1 月，全国共计 2538 例绿色建筑标识项目，累计建筑面积达 2.93 亿 m²，但是其中运行标识仅 159 例，建筑面积仅为 0.2 亿 m²，如图 6.3 所示。

(a) 按项目数量统计　　　　　　　(b) 按项目面积统计

图 6.3　绿色标识项目阶段通过对比

许多项目参评，仅仅是为了获取设计标识作为后期项目租售时的营销噱头，并没有践行的计划。这类项目设计阶段的星级评定单纯造成了资源的浪费，是缺乏现实意义的，取消设计评价是绿色建筑评价的一个趋势。《绿色建筑评价标准》进行设计评价的主要目的是在开发和设计阶段，敦促并指导绿色建筑的设计工作。但是，事实上，指导工作不应仅仅出现在设计阶段，应当是贯穿建筑全寿命周期的全过程指导。

7）《绿色建筑评价标准》中主要依靠指标的物理属性进行分类，缺乏全寿命周期各阶段的系统分类。阶段划分不清导致指导意义较差，不便于作为各个阶段多方案比选时的决策工具。绿色建筑评价的另一个趋势就是分阶段管理。针对建筑生命周期的某一特定阶段的特定工作，有的放矢地进行高效、可靠的指导。

6.2.2　既有旧工业建筑再生评价体系分析

既有旧工业建筑再生评价体系较少，目前较为成型的旧工业建筑再生利用项目评价体系是基于可持续发展理论建立的[36]。在评价指标选择上，该评价体系将指标分为经济、社会、环境三个大类，设置了包括项目投资计划、项目融资模式等 26 个二级指标，见表 6.6。

旧工业建筑（群）再生利用项目评价指标框架　　　　　　　　　表 6.6

	一级指标	二级指标
基于可持续发展理论的旧工业建筑（群）再生利用项目评价指标框架	经济指标	项目投资计划
		项目融资模式
		项目技术方法优势
		阶段成本
		动态回收期
		内部收益率
	社会指标	对区域经济发展的影响
		改善公共卫生环境的能力
		与周围环境的协调性
		提供就业机会的能力
		对区域其他活动提供配套设施的能力
		过程中对周边居民的干扰程度
		对自然、历史、文化遗产的保护程度
		对区域形象的提升能力
	环境指标	与区域地理环境的结合程度
		对可再生能源的利用程度
		对可再利用或可循环材料的使用程度
		节能措施对总能耗的降低程度
		对土地资源的合理利用程度
		节水及优化水资源的能力
		室内环境质量水平
		对废弃物的分类处理能力
		空气污染程度
		噪声污染程度
		特殊污染源污染程度
		绿色建筑运营管理表现

注：以上指标用于在满足一定先决条件下的一般情况评价（先决条件包括国家法律法规、地方及行业规范标准的要求、项目安全性等）。

该体系覆盖了旧工业建筑再生项目的全寿命周期，具有系统性强、指标完整等优势，但是，仍存在指标绿色性不足、系统复杂、操作性不强等问题；同时，由于缺乏主动（再生效果激励）或是被动的驱动力（政府的强制推进），限制了该评价体系在实际项目中的开展。

6.2.3　旧工业建筑再生项目针对《绿色建筑评价标准》的适用性分析

（1）旧工业建筑绿色再生项目特点剖析

通过对实地调研、考察典型项目的特点及改造使用时存在的问题，结合相关文献，以制定适合我国特色的绿色评价指标体系为目标，可对旧工业建筑绿色再生项目特点进行总结。

1）结构科学检测加固应作为再生的必要前提。因为已经经过一定年限的使用，且工业建筑在正常使用期内往往存在承受较大的动荷载的情况，所以在改造前的结构检测十分重要。通过检测结构的强度和材料的耐久性，考察其与现行规范的达标程度，作为改造模式、改造规模等的决策依据。不同于新建建筑的是，旧工业建筑的改造很多是使用权所有者自发的行为，在改造时往往规避了政府职能部门的审查，相比新建项目建筑过程中政府部门的审核干预，旧工业建筑再生过程中的质量是以自控为主的，这在一定程度上为建筑使用安全埋下的隐患。

2）再生项目的社会价值应作为重要的评价因素。相比推倒重建高层建筑，由于容积率的限制等原因，从经济性角度看，再生利用并不一定是最佳的选择。但是，旧工业建筑再生是在全球资源短缺背景下对资源合理利用的体现，是响应可持续发展政策的具体举措，是铭刻城市历史、深化城市内涵的重要手段，所以，旧工业建筑的再生，不仅仅是简单地对建筑的重复利用，而同时应该展现它的社会意义，充分发挥它的教育作用、体现其社会效益。所以，在旧工业建筑绿色再生评价指标的设置上，应该适当放大能够凸显社会价值的因素，以期充分发挥旧工业建筑再生的意义。

3）环境检测修复应作为再生的重要前提。因为原工业产业对环境通常有一定影响，是产生空气污染、噪声污染、水污染等环境问题的一大源因，如冶炼车间的酸洗池就会对周边土壤产生重金属污染。首先需要进行环境监测检查并恢复改善生态环境，避免土壤中有毒有害物质的存在，保证有着适宜的地温、地下水清洁纯净。

4）以充分利用既有材料，避免对结构的大幅改造为重要评价因素。旧工业建筑的绿色再生主要强调的既有资源的合理利用和结构安全性能的保证，以及原有结构、材料、设备、管线及基础设施的利用。充分利用既有资源是节约材料、提高环保性和经济性的重要手段。同时，改造时建筑外壳体量改变较小，亦能降低对建筑周边热环境、风环境、日照影响等物理环境以及周边居民的心理影响。因此，原有资源的利用率应作为评价旧工业建筑再生利用项目绿色性的重要指标。

5) 现行绿色建筑评价标准不适用于旧工业建筑绿色再生项目。①现行《绿色建筑评价标准》部分指标不适用于旧工业建筑绿色再生项目。如建筑已存在，4.2.1 条中设定容积率越大，得分越高，而旧工业建筑容积率直接受原建筑结构影响，单层工业厂房的再生功能项目甚至低于 0.5，很难依据《绿色建筑评价标准》标准进行评价；类似的 7.1.2 条中规定混凝土结构梁、柱中纵向受力普通钢筋应采用 HRB400 及以上钢筋，明显也不适用于旧工业建筑再生项目，对于经检测安全性能良好、能满足正常使用的旧工业建筑混凝土，其受力钢筋强度不应受限制。②应将一些适用于旧工业建筑再生项目的环保材料和绿色技术作为加分项加入规范（详见第 2 章中旧工业建筑既有绿色技术总结部分），如平屋顶厂房在进行屋面改造时可以利用植被进行屋面绿化等。③既有《绿色建筑评价标准》在指标分数及权重设置上，缺乏对旧建筑改造的鼓励意义。在 2014 版的《绿色建筑评价标准》中，涉及旧建筑利用的指标为 11.2.9 一项，分值为 1 分；涉及材料再利用的指标为 7.2.13 一项，分值为 0.95 分。两项共计总分 1.95 分，相比 100 分的满分，分值设置偏低，不利于鼓励旧建筑再生项目的开展。

（2）绿色建筑评价标准的对比分析与适应性调整

为了增强旧工业建筑绿色再生评价标准的执行力度，需要保证建立的针对旧工业建筑再生项目的绿色评价标准体系与现行标准相呼应。即，拟建立的标准体系起码应符合《绿色建筑评价标准》的标准要求。同时，作为我国现行绿色建筑评价标准，从 2006 年开始施行，经过 2014 年一次修订，GB/T 50378—2014 中的评价指标可作为旧工业建筑绿色再生项目评价指标建立的基础来进行分析。

1) 节地与室外环境指标对比分析与适应性调整

节地与室外环境指标对比分析和旧工业建筑绿色再生项目评价时应做的调整如表 6.7 所示。

旧工业建筑绿色再生项目与一般绿色建筑在节地与室外环境指标方面差异比较　　　表 6.7

《绿色建筑评价标准》指标			旧工业建筑绿色再生项目评价适应性分析
序号	内容	分值	
4.1.1	选址应符合规划及各类保护控制要求	*	旧工业建筑经文物保护部门评级，按照文物部门的意见进行保护或再生
4.1.2	场地内无自然灾害、危险化学品或其他危险源威胁，无电磁辐射及含氡土壤危害	*	对土地进行检测，确定残留污染，科学进行棕地治理
4.1.3	场地内禁止超标污染源	*	可参考《绿色建筑评价标准》执行
4.1.4	规划布局满足日照要求，且不得降低周围建筑日照条件	*	改造项目日照标准应酌情降低，改为不得降低既有日照标准；旧工业建筑再生对周边环境几乎没有负面影响，应将评定重点放在避免任意加层和过度外装修上

续表

《绿色建筑评价标准》指标				旧工业建筑绿色再生项目评价适应性分析
序号	内容		分值	
4.2.1	节约用地	$0.5 \leq R < 0.8$	5	旧工业建筑容积率直接受原建筑结构影响，单层工业厂房的再生功能项目甚至低于0.5，很难依据《绿色建筑评价标准》标准进行评价
		$0.8 \leq R < 1.5$	10	
		$1.5 \leq R < 3.5$	15	
		$R \geq 3.5$	19	
4.2.2	绿地率	$30\% \leq R_g < 35\%$	2	调研涉及的旧工业建筑再生项目的绿地率在16.7%～45%之间，说明旧工业建筑再生项目在绿地率上和新建建筑有一样的机会；开放绿地宜归于开放公共设施项中去
		$35\% \leq R_g < 40\%$	5	
		$R_g \geq 40\%$	7	
		开放绿地	2	
4.2.3	合理开发地下空间	$R_{p1} \geq 0.5$	3	考虑到雨水渗透及地下水补给、减少径流外排等生态要求，结合旧工业建筑因既有结构限制，此项不宜作为评价指标
		$R_{p1} \geq 0.7$ 且 $R_{p2} < 70\%$	6	
4.2.4	光污染控制		4	出于对旧工业建筑原建筑风格的保护与利用，再生中不宜使用玻璃幕墙
4.2.5	噪声污染控制		4	旧工业建筑室外环境同新建建筑一样，需要满足国标《声环境质量标准》GB 3096的规定
4.2.6	风环境控制		6	可参考《绿色建筑评价标准》执行，但权重应适当调整
4.2.7	热岛效应控制		4	
4.2.8	交通便捷		9	
4.2.9	合理设置停车场所	合理设置自行车停车场所	+3	
		合理设置机动车停车场所	+3	
4.2.10	无障碍设计			
4.2.11	公共服务能力			
4.2.12	保护原有场地生态			工业建筑在生产期间对环境（包括土壤、水体、植物等）可能存在一定程度的污染，再生时不应过分强调对原场地生态的保护
4.2.13	雨水回收利用	（蓄水绿地＋水体）/绿地面积≥30%	+3	可参考《绿色建筑评价标准》执行，但权重应适当调整
		合理引导＋径流控制	+3	
		透水铺装面积/硬质铺装面积≥50%	+3	
4.2.14	径流规划	55%≤年径流总量控制率<70%	3	
		年径流总量控制率≥70%	6	
4.2.15	科学绿化	因地制宜、复层绿化、覆土排水等	+3	
		垂直绿化、屋顶绿化	+3	

注：表中，分值为"*"的代表必须满足的控制项；R——容积率；R_g——绿地率；R_{p1}——地下建筑面积与总用地面积之比；R_{p2}——地下一层建筑面积与总用地面积的比率。

2）节能与能源利用指标对比分析与适应性调整

节能与能源利用指标对比分析和旧工业建筑再生项目绿色评价时应做的调整如表 6.8 所示。

旧工业建筑绿色再生项目与一般绿色建筑在节能与能源利用指标方面差异比较　　　表 6.8

《绿色建筑评价标准》指标			旧工业建筑绿色再生项目评价适应性分析
序号	内容	分值	
5.1.1	符合节能标准强制性条文	*	可参考《绿色建筑评价标准》执行
5.1.2	不采用电直加热设备作为供暖空调系统的供暖和空气加湿热源	*	
5.1.3	冷热源、输配系统和照明能耗分项计量	*	
5.1.4	照明功率密度值低于《建筑照明设计标准》GB 50034 中规定的现行值	*	
5.2.1	建筑体型、朝向、楼距等优化设计	6	旧工业建筑再生项目中这类该指标内容均以难以更改，不应作为评价项目
5.2.2	外窗玻璃幕墙可开获得良好通风	6	
5.2.3	围护结构热工性能优于现行国家标准	10	
5.2.4	冷热源机组能效指标优于现行国家标准	6	
5.2.5	水热循环泵耗电输热比等符合国标规定	6	
5.2.6	合理优化供暖/通风/空调系统	$5\% \leq D_e < 10\%$　3	
		$10\% \leq D_e < 15\%$　7	
		$D_e \geq 15\%$　10	
5.2.7	采用降低过渡季节相关能耗措施	6	可参考《绿色建筑评价标准》执行，但权重应适当调整
5.2.8	采用分区降低能耗措施	分朝向等分区控制　+3	
		合理台数及容量等　+3	
		水/风系统变频技术　+3	
5.2.9	交通联系空间、大空间等照明分区定时控制	5	
5.2.10	照明功率密度值达到《建筑照明设计标准》目标值	主功能房间满足　+4	
		所有区域满足　+4	
5.2.11	电梯自动扶梯合理选用及节能控制	3	
5.2.12	合理选用节能型电器设备	三相变压器满足节能标准　+3	
		水泵风机等满足节能要求　+2	
5.2.13	排风能量回收系统合理可靠	3	

续表

《绿色建筑评价标准》指标			旧工业建筑绿色再生项目评价适应性分析
序号	内容	分值	
5.2.14	合理采用蓄热蓄冷系统	3	
5.2.15	合理利用余热废热	4	
5.2.16	合理利用可再生能源	10	

注：表中，分值为"*"的代表必须满足的控制项；D_e为供暖、通风和空调系统能耗降低幅度。

3）节水与水资源利用指标对比分析与适应性调整

节水与水资源利用指标对比分析和旧工业建筑再生项目绿色评价时应做的调整如表6.9所示。

旧工业建筑绿色再生项目与一般绿色建筑在节水与水资源利用指标方面差异比较　　表 6.9

《绿色建筑评价标准》指标			旧工业建筑绿色再生项目评价适应性分析
序号	内容	分值	
6.1.1	制定水资源利用方案	*	可参考《绿色建筑评价标准》执行
6.1.2	合理完善安全的给排水系统	*	
6.1.3	采用节水器具	*	
6.2.Ⅰ	节水系统	0～35	旧工业建筑中既有系统年久老化且普遍不能满足新功能的使用需求，一般都需要重新更换，所以可参考新建建筑在此处的评价指标进行，以达到节约水资源的目的，但权重应适当调整
6.2.Ⅱ	节水器具和设备	0～35	
6.2.Ⅲ	非传统水源利用	0～30	

注：表中，分值为"*"的代表必须满足的控制项。

4）节材与材料资源利用指标对比分析与适应性调整

节材与材料资源利用指标对比分析和旧工业建筑再生项目绿色评价时应做的调整如表6.10所示。

旧工业建筑绿色再生项目与一般绿色建筑在节材与材料资源利用指标方面差异比较　　表 6.10

《绿色建筑评价标准》指标			旧工业建筑绿色再生项目评价适应性分析
序号	内容	分值	
7.1.1	不得采用禁止/限制使用材料	*	应改为新增材料部分不得采用国家或地方禁止和限制使用的建筑材料及制品
7.1.2	混凝土结构梁、柱中纵向受力普通钢筋应采用 HRB400 及以上	*	凡是经检测安全性能良好、能满足正常使用的旧工业建筑混凝土，其受力钢筋强度不应受限制。此项应删除

续表

《绿色建筑评价标准》指标				旧工业建筑绿色再生项目评价适应性分析
序号	内容		分值	
7.1.3	建筑造型要素简约		*	工业建筑普遍造型简约形体规则，两项可合并评价
7.2.1	择优选择建筑体型	建筑形体不规则	3	
		建筑形体规则	9	
7.2.2	优化设计结构构件		5	应该为对加固方案及新增构建的优化设计
7.2.3	土建装修一体化设计	仅公共部位	6	可参考《绿色建筑评价标准》执行，但权重应适当调整
		所有部位	10	
7.2.4	使用可重复隔断（墙）		0～5	
7.2.5	采用工业化预制构件		0～5	旧工业建筑再生项目主体结构普遍变动不大，此项不宜作为评价项目
7.2.6	采用整体化厨卫		0～6	可参考《绿色建筑评价标准》执行，但权重应适当调整
7.2.7	采用本地生产的建材	$60\% \leqslant R_{lm} < 70\%$	6	
		$70\% \leqslant R_{lm} < 90\%$	8	
		$R_{lm} \geqslant 90\%$	10	
7.2.8	现浇混凝土采用预拌混凝土		10	
7.2.9	建筑砂浆采用预拌砂浆		0～5	
7.2.10	合理使用高强建筑结构材料		0～10	结构既有，此项应删除
7.2.11	合理使用高耐久性结构材料		5	
7.2.12	采用可再利用／可循环材料	比例≥10%	8	可参考《绿色建筑评价标准》执行，但权重应适当调整
		比例≥15%	10	
7.2.13	建筑材料利用废弃物为原料		0～5	可参考《绿色建筑评价标准》执行，但考虑到旧工业建筑再生特点，比重要求应适当放大
7.2.14	合理选用耐久性好易维护建材	清水混凝土	+2	可参考《绿色建筑评价标准》执行，但权重应适当调整
		外立面材料	+2	
		室内装饰材料	+2	

注：表中，分值为"*"的代表必须满足的控制项；R_{lm} 表示施工现场 500km 内生产的建筑材料重量占总建材重量的比例。

5）室内环境质量指标对比分析与适应性调整

旧工业建筑再生项目虽然属于改造项目，但是使用时其室内环境应该同其他新建建筑遵循一样的标准，所以再室内环境质量指标上，旧工业建筑再生项目绿色评价时应可参考《绿色建筑评价标准》执行，但权重应适当调整。

6）施工管理指标对比分析与适应性调整

施工管理指标对比分析和旧工业建筑再生项目绿色评价时应做的调整如表 6.11 所示。

旧工业建筑绿色再生项目与一般绿色建筑在施工管理指标方面差异比较　　表 6.11

《绿色建筑评价标准》指标			旧工业建筑绿色再生项目评价适应性分析
序号	内容	分值	
9.1.1	建立落实施工管理体系和组织机构	*	可参考《绿色建筑评价标准》执行，但权重应适当调整；增加施工过程中对既有材料的保护相关指标。同时，考虑到部分旧工业建筑再生项目面积较小、工作量小、施工周期短，可适当放宽此阶段指标要求
9.1.2	制定实施施工全过程环境保护计划	*	
9.1.3	制定实施施工人员职业健康安全管理计划	*	
9.1.4	施工前专项会审设计文件中绿色建筑重点内容	*	
9.2. I	合理环境保护	0 ～ 22	
9.2. II	合理资源节约	0 ～ 40	
9.2. III	合理过程管理	0 ～ 38	

注：表中，分值为"*"的代表必须满足的控制项。

7）运营管理指标对比分析与适应性调整

运营管理指标对比分析和旧工业建筑再生项目绿色评价时应做的调整如表 6.12 所示。

旧工业建筑绿色再生项目与一般绿色建筑在运营管理指标方面差异比较　　表 6.12

《绿色建筑评价标准》指标			旧工业建筑绿色再生项目评价适应性分析
序号	内容	分值	
10.1.1	制定实施节能、节水、节材、绿化管理制度	*	可参考《绿色建筑评价标准》执行
10.1.2	制定垃圾、废弃物管理制度	*	
10.1.3	污水废气达标排放	*	
10.1.4	节能节水设施正常工作	*	
10.1.5	设备自动监控系统工作正常、记录完整	*	
10.2. I	合理的管理制度	0 ～ 30	可参考《绿色建筑评价标准》执行，但权重应适当调整，同时应增加后期对旧工业建筑再生的相关选择机制的评价
10.2. II	合理的技术管理	0 ～ 42	可参考《绿色建筑评价标准》执行，但权重应适当调整
10.2. III	合理的环境管理	0 ～ 28	

注：表中，分值为"*"的代表必须满足的控制项。

8）提高与创新指标对比分析与适应性调整

根据对"提高与创新"中各项指标的研究，结合旧工业建筑的特点，删除《绿色建筑评价标准》中 11.2.5（采用资源消耗少、环境影响小的建筑结构）、11.2.9（合理利用废弃场地/建筑进行建设）这两项。旧工业建筑再生项目绿色评价时可参考《绿色建筑评价标准》"提高与创新"中其他指标项目执行。

6.3　旧工业建筑绿色再生评价方法选择

6.3.1　旧工业建筑绿色再生项目评价的方法选取

（1）评价基础设定

《绿色建筑评价标准》在我国经过近 10 年的实践，取得了一定的执行效果，得到了社会的基本认可。所以，设想基于以下几个设定展开：①以《绿色建筑评价标准》评分项作为主要指标来源。通过对现行绿色建筑评价标准、既有旧工业建筑再生利用项目评价体系的研究分析，结合旧工业建筑再生相较一般新建建筑的特点，可以提取旧工业建筑绿色再生项目评价指标。②保持《绿色建筑评价标准》各指标分数设置和判定条件不变。通过《绿色建筑评价标准》的执行效果可以认为，《绿色建筑评价标准》在指标分数设置是科学的、可接受的，旧工业建筑绿色再生项目评价标准可以沿用《绿色建筑评价标准》的分数设置和判定的边界条件。③取消设计评价和运营评价两部分的设置，改为阶段决策和效果评价两部分。以上的基本设定，保证了未来基于本研究编制的标准《绿色再生旧工业建筑评价标准》与国家标准《绿色建筑评价标准》的可靠对接，对于既有新建建筑和旧工业建筑的再生的综合开发的项目，就可以利用对应的标准分别评价后综合得分进行判定。对于旧工业建筑再生项目与一般建筑绿色性上不同的侧重，则是通过给各个指标赋予不同的权重来进行调整。

参照《绿色建筑评价标准》的做法，将评价体系分为两大部分：第一部分为控制指标，即必须满足的项目，它们是保证建筑安全、正常使用的前提，此类指标不参与到权重计算中去；第二类为评分指标，这类指标可以提高建筑的绿色度，但是需要通过计算权重进一步确定其分别对旧工业建筑再生项目绿色性的影响程度；同时应结合旧工业建筑再生项目的特点进行指标框架的重新划分。

（2）评价方法选择

既有的多指标综合评价方法种类很多，主要有定性评价、定量评价两大类。任何一种评价方法都带有一定的相对性和局限性。通过对文献的研究分析，对应用较成熟的几种常用评价方法进行分析，如表 6.13 所示。

根据表 6.13 的分析，结合旧工业建筑绿色再生项目评价的特点，利用调研获取的大量数据，选用人工神经网络法进行建模。

常用综合评价方法对比分析　　　　　　　　　　　　表 6.13

评估方法	主要内容	优点	缺点	适用范围
专家打分法	邀请专家以经验评估事先准备好的风险调查表；确定各风险因素的权重；最后两者相乘的结果即为评估结果	操作简单	对专家经验和决策者的意向依赖较大	适用于缺乏具体数据资料的项目前期
德尔菲法	与专家打分法类似，但各专家之间互不见面，通过反复函询专家和汇总专家意见得出评估结果	避免了专家间的相互影响	反复函询调查较为费时费力，易造成信息不对称	
层次分析法	根据分析对象性质及解决问题将其分解为各个组成因素，再按照因素间的关系再次分组，形成一个层层相连的结构，最终确定最低层相对最高层重要性权值并排序	评估过程中有定性分析，同时也有定量分析	主观性较强，且要求评定指标及相互关系具体明确	适用于准则和目标较多问题的分析
模糊综合评判法	通过专家经验和历史数据模糊描述工程风险因素，依据各因素的重要性设置相应权重并计算其可能隶属度，通过建立模型确定工程风险水平	避免一般数学方法出现的"唯一解"	确定的因素权重主观性大，且存在指标信息重复现象	对因素较多的复杂系统评估效果好
灰色综合评判法	基于动态的观点，对影响评估对象的多数非线性或动态因素进行量化分析，并以分析的结果来客观反映因素之间的影响程度	善于处理系统部分信息不明确的情况	人工确定灰色问题白化函数导致评估能力有限	适用于相关性大的系统
TOPSIS 法	在理想解和负理想解的延长线上找出一个虚拟最劣值向量 Z，取代最劣值向量，计算各评估方案与最优值和虚拟最劣值间的距离和，求出各评估方案与最优值的相对接近度，接近度越大说明项目效果越优	属于逼近于理想解的排序法，具备理想解和负理想解两个基本概念	在评估之前依然需要通过其他方法确定指标的权重，因此指标权重的确定也是进行评估的关键	适用于多目标决策使用
人工神经网络法	模仿人脑处理信息来处理问题，相连神经元集合不断从环境中学习，捕获本质线性和非线性的趋势，并预测包含噪声和部分信息新情况	网络自适应力强，能够处理非线性，非局域性，非凹凸性的复杂系统	需要大量样本，精度不高易造成结果难以收敛	适用于复杂非线性关系求解
物元可拓综合评定方法	针对单级或多级评定指标体系，建立评判关联函数计算关联度和规范关联度，根据预先设定的衡量标准，确定评定对象的综合优劣值，从而完成单级或多级指标体系的综合评估	评估一个对象优劣、从属程度，定性定量分析相结合，适用范围广	其指标的权重依然需要通过其他方法确定	适用于解决矛盾问题，矛盾问题的智能化处理

6.3.2 旧工业建筑绿色再生项目评价体系构想

（1）基于 SEM- 可拓的指标体系建立

1）基于 SEM 的指标筛选

建立旧工业建筑绿色再生项目评价体系，首先需要确定影响其再生效果的关键因素，即影响指标。论文通过对既有相关标准、规范、论文专著的研究，结合调研分析，对影响旧工业建筑绿色再生的各个因素进行了初步提取，需要利用一定的数学方法对其中可能存在不具代表性、独立性的因素进行筛除。传统的专家评分法、加权平均法、层次分析法、模糊测度法等方法，普遍存在以下几个问题：①缺乏对模型变量构建的探讨；②权重系数的确定时主观性过大，科学性不足；③可操作性差，不易于推广。而结构方程模型（SEM）存在两个显著特点，一是能够定量评价多维及相互关联的关系；二是能够发现这些关系里没有察觉的概念关系，能在评价过程中解释测量误差。这些特点都能很好地弥补传统方法的不足，论文选用 SEM 进行指标筛选。

结构方程模型(Structural Equation Modeling, SEM)源于20世纪20年代怀特(S·Wright)提出的路径分析概念 [37]，属于多元回归分析、路径分析和确认型因子分析方法综合运用后形成的一种统计数据分析工具，是一种利用变量的协方差矩阵进行变量关系分析的统计方法，它利用线性方程表示测量变量之间、测量变量与潜变量之间的关系，估计无法直接量化的参数，有效弥补传统多元回归方法的不足 [38]。

SEM 作为近年来在应用统计领域发展最为迅速的一个分支，优势在于对多变量间交互关系的定量研究，属于多变量统计的一种，能够同时检验所设模型中包含的测量变量、潜变量及误差变量间的关系，从而获取自变量影响因变量的直接效应、间接效应和总效应 [39]。SEM 容许自变量和因变量含测量误差，能够同时估计因子结构和因子关系，容许更大弹性的测量模型，能够估计整个模型的拟合程度，得出各因素与项目绿色度之间的关系。根据最终得到的结构方程模型及归一化指标的标准化因子荷载确定指标框架及其权重。

SEM 包括两部分——结构模型和测量模型 [40]。其中，结构模型反映潜变量之间的关系，表示为：

$$\eta = \beta\eta + \Gamma\xi + \zeta \tag{6-1}$$

式中：η 为内生潜变量，ξ 为外源潜变量；β 为内生潜变量间的关系；Γ 为外源变量对内生变量的影响；ζ 为结构方程残差项，代表 η 在方程中未能解释的部分。

测量模型反映潜变量与测量变量间的关系，表示为：

$$X = \Lambda_x\xi + \delta \tag{6-2}$$

$$Y = \Lambda_y\xi + \varepsilon \tag{6-3}$$

式中：X，Y 为外源及内生测量变量；δ，ε 为 X，Y 测量误差；Λ_x 为 X 测量变量和 ξ 潜变量的关系；Λ_y 为 Y 测量变量和 η 潜变量的关系。

利用 SEM 确定指标框架的过程如图 6.4 所示。

2）基于物元可拓方法的阶段指标划分

为了提高旧工业建筑绿色再生项目评价标准
的可操作性和应用价值，应将评价指标按照再生
项目全寿命周期各个阶段进行划分。根据每个阶
段的工作对象、工作内容等特性，将得到的旧工
业建筑绿色再生项目评价指标划分到对应的阶段
中去，进而结合现行标准中的度量标准和旧工业
建筑再生项目的特点，利用科学的数学方法，建
立评价模型。对比层次分析法、模糊综合评判法、
灰色综合评价法、物元可拓方法等评价方法，认
为物元可拓方法更适用于旧工业建筑绿色再生项
目多级指标、多个阶段、递进式评价的特点，选
用物元可拓方法进行阶段划分。

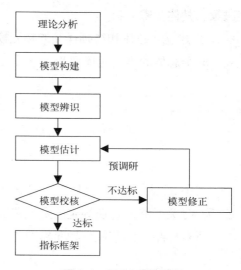

图 6.4　SEM 建模过程

可拓学是以蔡文教授为首的我国学者们创立的新科学。1983 年，蔡文发表首篇论文
"可拓集合和不相容问题"，标志着可拓学的创立。可拓论建立了物元 $R = (N, c, v)$、事
元 $I = (d, c, v)$ 和关系元 $Q = (a, c, v)$（统称为基元），作为描述物、事和关系的基本
元[41]。将可拓学应用于实际工程的方法称为可拓方法，其结构体系如图 6.5 所示。论文
主要利用物元可拓方法对指标进行阶段划分和优劣判断，以完成旧工业建筑绿色再生项
目评价模型的建立。

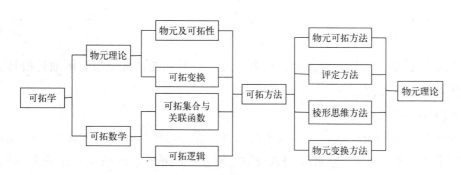

图 6.5　可拓学学科体系结构图

物元可拓方法是针对物元（包括评价对象、特征及其量值这一整体）的整体研究。
它根据直接收集的实际数据来计算关联度来获取结论，极大程度上排除了人为因素分析
及评定的干扰，有效改进了传统算法的近似性。同时物元可拓方法具备定量严密、计算
简便、规范性强的特点。通过对综合关联度的计算，能够将多指标的评价简化为单目标

决策。具体步骤为：

① 建立各总体和待判样品的物元模型

m 个总体的事物元模型为

$$R_{oi} = \left(X_{oi}, C, V_{oi}\right) = \begin{bmatrix} X_{oi} & c_1 & V_{oi1} \\ & c_2 & V_{oi2} \\ & & \vdots \\ & c_p & V_{oip} \end{bmatrix} = \begin{bmatrix} X_{oi} & c_1 & \langle a_{oi1}, b_{oi1} \rangle \\ & c_2 & \langle a_{oi2}, b_{oi2} \rangle \\ & & \vdots \\ & c_p & \langle a_{oip}, b_{oip} \rangle \end{bmatrix} \tag{6-4}$$

其中 X_{oi} 表示第 i（$i=1, 2, \cdots, m$）个总体的名称，c_j（$j=1, 2, \cdots, p$）表示 X_{oi} 的特征，V_{oij} 为 X_{oi} 关于特征 c_j 所规定的量值范围在可拓学理论中称为经典域。

所有样品 X 的节域事物元模型为：

$$R_{oX} = \left(X, C, V_{oX}\right) = \begin{bmatrix} X & c_1 & V_{oX1} \\ & c_2 & V_{oX2} \\ & \vdots & \vdots \\ & c_p & V_{oXp} \end{bmatrix} = \begin{bmatrix} X & c_1 & \langle a_{oX1}, b_{oX1} \rangle \\ & c_2 & \langle a_{oX2}, b_{oX2} \rangle \\ & \vdots & \vdots \\ & c_p & \langle a_{oXp}, b_{oXp} \rangle \end{bmatrix} \tag{6-5}$$

其中 X 表示所有样品的名称，c_j（$j=1, 2, \cdots, p$）表示 X 的特征；V_{oXj} 为 X 关于特征 c_j 所规定的量值范围，在可拓学理论中称为节域。

于是待判样品 x 的事物元模型为

$$R_x = \begin{bmatrix} x & c_1 & v_1 \\ & c_2 & v_2 \\ & \vdots & \vdots \\ & c_p & v_p \end{bmatrix} \tag{6-6}$$

由于 x 是由特征和量值所确定，其中 v_j 为 x 关于 c_j 的特征量值，即通过统计分析待判样品所得的具体数据。

② 确定各特征指标的权系数

对非满足不可的特征 c_k，记其权系数为 Λ，若待判样品 x 的相应量值 $v_k \not\in V_{olk}$，则样品 x 不属于 R_{oi}，$0 \leqslant i \leqslant m$，此时将其排除。对于非满足不可的特征 c_j（$j \neq k$）的权系数记为 λ_j，λ_j（$j=1, 2, \cdots, p, j \neq k$），则显然 $\sum\limits_{\substack{j=1 \\ j \neq k}}^{p} \lambda_j = 1$。

③ 确定关联度进行判别

对 $v_k \in V_{olk}, i=1, 2, \cdots, m$ 待判样品 x 的各特征指标关于各总体的相应指标的关联度为：

$$K_i\left(v_j\right) = \frac{\rho\left(v_j, V_{oij}\right)}{\rho\left(v_j, V_{Xj}\right) - \rho\left(v_j, V_{oij}\right)} \tag{6-7}$$

根据距的定义，其中

$$\rho\left(v_j, V_{oij}\right) = \left| v_j - \frac{a_{oij} + b_{oij}}{2} \right| - \frac{b_{oij} - a_{oij}}{2} \tag{6-8}$$

$$\rho\left(v_j, V_{Xj}\right) = \left| v_j - \frac{a_{oXj} + b_{oXj}}{2} \right| - \frac{b_{oXj} - a_{oXj}}{2} \tag{6-9}$$

i=1，2，$\cdots$，m；j=1，2，$\cdots$，p。

于是待判样品 x 关于总体 R_{oi} 的关联度

$$k_i(x) = \sum \lambda j k_i(v_i)，(i=1，2，\cdots，m) \tag{6-10}$$

如果 $k_{io}(x)$ 符合规定的条件，则将样品 x 判属 R_{oi}。

利用物元可拓方法，建立各总体（各个评价阶段）和待判样品（评价指标）的事物元模型，统计分析建立经典域、节域，计算出指标与各个阶段的关联度，指标与某阶段的关联度达到一定程度（$k_{io}(x)$ >0）则可以认为指标和该阶段特征符合程度较高，应将该指标判属于对应阶段，由此得到各个阶段的评价指标，建立最终评价指标体系[42][43]。

（2）基于 BP 神经网络的模型建立

得到科学的旧工业建筑绿色再生项目评价指标体系之后，需要建立起评价指标与评价等级之间的联系。在现行《绿色建筑评价标准》中，将绿色建筑分为一星、二星、三星三个等级，指标与等级间通过加权累加计算得分，根据分数高低进行划分来人为建立。《绿色建筑评价标准》规定，按照《绿色建筑评价标准》的评分办法，当建筑评价得分总分值 ≥ 80 分，即为三星建筑；60 ≤ 总分值 <80，即为二星建筑；50 ≤ 总分值 <60，即为一星建筑。基于旧工业建筑再生利用项目的特殊性，无法保证旧工业建筑绿色再生项目评价体系中指标与评价等级间具备这种单纯的线性关系，应采用一种更为科学的数学方法来建立指标与评价等级间的映射。综合分析各类评价方法，神经网络方法善于在复杂数据中捕获其中线性和非线性的本质关系趋势，可以科学地完成函数逼近、分类、聚类、预测等任务。BP 神经网络作为前馈型神经网络的核心部分，是人工神经网络最精华部分的体现[44]，具有结构简单、易于编程，非线性处理能力较强的特性[45]。综上，本书选用 BP 神经网络建立最终的模型。关于 BP 神经网络的介绍详见第 2 章。

标准的 BP 算法在应用过程中逐渐暴露出四方面的内在缺陷：一是易陷入局部极小得不到全局最优；二是训练次数过多，收敛速度延滞，降低学习效率；三是缺乏合理的理论指导隐节点的选取；四是在训练时学习新样本过程中存在遗忘旧样本的趋势。为规避上述问题，本书利用改进的 LM-BP 算法（Levenberg-Marquardt，列文伯格 - 马夸尔特法）进行计算[46]。

（3）LM-BP 算法（Levenberg-Marquardt backpropagation，LM-BP）

Levenberg-Marquardt（LM）算法利用梯度求极值，是目前被广泛使用的非线性最小二乘算法。LM算法同时具备梯度法及牛顿法的优点。不同于准牛顿法，LM算法避免了计算海森矩阵（Hessian matrix），针对训练快速收敛的目的而设计。当评价函数具有平方和的形式时，海森矩阵可以近似为：

$$H = J^{\mathrm{T}}J \tag{6-11}$$

则梯度为

$$G = J^{\mathrm{T}}e \tag{6-12}$$

式中：J——加戈可比矩阵（Jacobian matrix），包含网络误差相对于权值及偏差的一阶导数；

e——网络误差的向量。

LM算法使用海森矩阵的近似矩阵，得到权值调整率为

$$\Delta W = [J^{\mathrm{T}}J + \mu I]^{-1}J^{\mathrm{T}}e \tag{6-13}$$

式中：I——单位矩阵。

当$\mu=0$时，式（6-13）即为使用近似的海森矩阵的牛顿法；当μ较大，式（6-13）即为具有较小步长的梯度下降法。牛顿法能够更快更准确地逼近一个最小误差，应将式（6-13）尽快地向牛顿法转换。μ会随着每一步成功而减小，当下一步输出变坏时增加μ。这样算法的每一步运行都会使评估函数向好的方向发展。LM算法具体步骤可表示为图6.6。

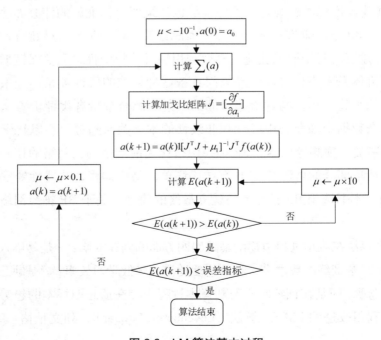

图 6.6 LM 算法基本过程

利用 LM-BP 神经网络，通过大量数据进行模型训练，计算各阶段评价指标与评价等级之间的映射关系，建立旧工业建筑绿色再生项目评价模型。

6.4　旧工业建筑绿色再生评价指标

6.4.1　旧工业建筑绿色再生项目评价指标框架构建

（1）评价指标来源和确定原则

1）指标来源

评价指标是以《绿色建筑评价标准》的评价指标为基础，结合旧工业建筑再生利用项目评价的其他成果，根据旧工业建筑绿色再生项目的特点进行科学选择得到的。进行指标分类时，参考其他类似研究评价指标分类方法，将指标分为经济因素、社会因素和环境因素三个大类。

2）确定原则

确定指标时应遵循以下几个基本原则：①可测性。评价指标选择和设置时要保证指标数据的可获得性；②敏感性。指标的变化应对评价对象产生直接的动态影响；③典型性。选择时应保证指标能够充分代表评价对象的基本特征；④整体性。指标之间应互相关联，组成一个完整健全的体系；⑤稳定性。指标数据应具备稳定性，避免模糊、模棱两可的指标项；⑥简洁性。指标设置应充分反映旧工业建筑绿色再生的本质特征和关键因素，使用精简的指标来描述评价对象。

（2）基于 SEM 的指标框架的确定

1）问卷设计

结合绿色建筑的特点，将调研问题分为两个部分——手段（指标项 $R_{11} \sim R_{38}$）和目的（结果项 $G_{11} \sim G_{13}$），指标项来源如前文所示，结果项在题项设置时是以绿色建筑的一般目的为基础的[47]。即通过对项目的调研，考察各个指标项和结果项（建筑的绿色度）之间的关系。

调研问卷中变量设置分定量变量和定性变量两种，定量变量数据来源为项目开发、设计、施工、运营中的各相关文件；定性变量为被调研人主观感受的体现，采用 Likert 5 级评分法打分，从 1 到 5 表示从"极其不符合"到"极其符合"。

2）预调研

在发放正式问卷之前，首次进行预调研检验问卷的可靠性。此次预调研共发放问卷 50 份，对这 50 份问卷中量表的 23 个题项（见表 6.14）进行独立样本 T 检验，信度及效度等分析，将未达一般标准的题项删除，从而形成正式量表。

初选旧工业建筑绿色再生项目评价指标　　　　　　　表 6.14

潜变量	测量变量
经济因素 R_1	绿色技术投资增量 R_{11}
	合理的开发模式 R_{12}
	地下空间合理开发 R_{13}
	土地利用合理性 R_{14}
	既有建筑和材料的利用 R_{15}
	建筑外观简洁化设计 R_{16}
社会因素 R_2	文化遗产保护 R_{21}
	公共服务能力 R_{22}
	交通便捷度 R_{23}
	公共设施开放度 R_{24}
	配套设施齐全度 R_{25}
	无障碍设计 R_{26}
环境因素 R_3	环境检测与污染治理 R_{31}
	室内外物理环境 R_{32}
	生态保护 R_{33}
	绿化方式 R_{34}
	水资源节约与利用 R_{35}
	被动式节能措施 R_{36}
	主动式节能措施 R_{37}
	材料的合理使用 R_{38}
绿色度 G_1	建筑能耗 G_{11}
	建筑观感 G_{12}
	舒适度 G_{13}

① 独立样本 T 检验

首先计算总分，并按从小到大进行排序，将得分前 27%（≤ 94）的定义为低分组，后 27%（≥ 106）定义为低分组，对这两个组别的 23 个题项进行独立样本 T 检验，若 t 统计量显著性 sig 值大于 0.05（或 t 的绝对值低于 3.000）时，则表示题项的鉴别度较差，应将相应题项删除。独立样本 T 检验结果如表 6.15 所示。

独立样本 T 检验结果　　　　　　　　　　表 6.15

题项	t	sig
R_{11}	-4.824	0.000
R_{12}	-5.447	0.000
R_{13}	-0.216	0.831

续表

题项	t	sig
R_{14}	-0.779	0.443
R_{15}	-3.086	0.005
R_{16}	-3.834	0.001
R_{21}	-4.334	0.000
R_{22}	-5.491	0.000
R_{23}	-5.056	0.000
R_{24}	-4.954	0.000
R_{25}	-4.756	0.000
R_{26}	-4.938	0.000
R_{31}	-3.273	0.003
R_{32}	-5.196	0.000
R_{33}	-0.61	0.547
R_{34}	-4.549	0.000
R_{35}	-4.629	0.000
R_{36}	-3.246	0.005
R_{37}	-3.064	0.005
R_{38}	-3.273	0.003
G_{11}	-6.261	0.000
G_{12}	-4.483	0.000
G_{13}	-4.707	0.000

由表 6.15 可知，R_{13}、R_{14}、R_{33} 这 3 个题项的 sig 值均高于 0.05，未达到显著水平，且决断值 t 值绝对值均小于 3，故将这 3 项删除，继续进行相应分析。

② 题项与总分相关

除了决断值外，还可以采用同质性检验作为题项筛选的指标，如个别题项与总分的相关系数未达到显著，或两者低度相关（相关系数小于 0.4），说明题项与量表总体的同质性不高，可删除，将剩余题项与总分进行相关分析，见表 6.16。

各题项与总分相关 表 6.16

题项	相关系数	题项	相关系数
R_{11}	0.652**	R_{31}	0.557**
R_{12}	0.766**	R_{32}	0.587**
R_{15}	0.411**	R_{34}	0.666**
R_{16}	0.575**	R_{35}	0.492**
R_{21}	0.599**	R_{36}	0.597**

题项	相关系数	题项	相关系数
R_{22}	0.529**	R_{37}	0.665**
R_{23}	0.652**	R_{38}	0.577**
R_{24}	0.630**	G_{11}	0.648**
R_{25}	0.667**	G_{12}	0.438**
R_{26}	0.719**	G_{13}	0.500**

注：** 在 0.01 水平（双侧）上显著相关。

由表 6.16 可知，剩余的 20 个题项中，与总分都在 0.01 水平上显著相关，且相关系数在 0.411 ~ 0.766 之间，都大于 0.4，表示各题项与量表总体的同质性较高，20 个题项均可保留。

③ 效度检验

一般而言，效度可以分为三种：内容效度、效标关联效度和建构效度。建构效度可以通过因子分析检验。对数据进行因子分析前应先进行 KMO 和 Bartlett 球体检验。KMO 统计量的主要作用是检测采集样本的充足性，检验变量间的偏相关性的大小，也就是说是否适宜进行因子分析。根据 Kaiser（1974）的观点，KMO 值应介于 0 ~ 1 之间，越接近 1，越适合于作因子分析。进行因子分析的普通准则是其 KMO 值在 0.7 以上，当 KMO 值小于 0.5 时则不适合做因子分析。Bartlett 球体检验是对变量之间是否相互独立进行检验。当其 P 值达到显著性水平时（$P<0.05$），适合进行因子分析。对剩余的 20 个题项进行 KMO 值和 Bartlett 球体检验，结果如表 6.17 所示。

KMO 和 Bartlett 球体检验　　　　　　　　　　　　　　　　　表 6.17

取样足够多的 Kaiser-Meyer-Olkin 度量		0.730
Bartlett 的球体检验	近似卡方	721.775
	df	190
	sig	0.000

由表 6.17 可知，20 个题项 KMO 值为 0.730，高于 0.7，Bartlett 的球体检验 P 值为 0.000，达到了 0.05 显著水平，说明量表适合做因子分析 [39]。

通过 KMO 和 Bartlett 球体检验，可以进行因子分析检验量表效度。而通过因子分析得到的共同性和因子载荷，可进一步对题项进行剔除，当共同性小于 0.2 时表示题项与量表同质性较少，可以考虑删除；若因子载荷小于 0.5，则表示题项在共同因素的因子负荷量低，表示题项与总量表关系不密切，可删除。运用主成分分析法进行因子分析，得到表 6.18 的共同性。

各题项共同性 表 6.18

题项	提取	题项	提取
R_{11}	0.855	R_{31}	0.723
R_{12}	0.787	R_{32}	0.653
R_{15}	0.549	R_{34}	0.629
R_{16}	0.863	R_{35}	0.612
R_{21}	0.883	R_{36}	0.61
R_{22}	0.674	R_{37}	0.586
R_{23}	0.801	R_{38}	0.737
R_{24}	0.673	G_{11}	0.649
R_{25}	0.794	G_{12}	0.81
R_{26}	0.704	G_{13}	0.76

由表 6.18 可知，20 个题项的共同性最小为 R_{15} 的 0.549，最大为 R_{21} 的 0.883，都高于 0.2，表示 20 个题项的共同性达到临界值。

随后通过 Kaiser 标准化的最大方差法进行正交旋转抽取出 4 个特征值大于 1 的有效因子，具体因子载荷及方差贡献率见表 6.19。

因子分析结果 表 6.19

测量变量	成分			
	1	2	3	4
R_{38}	0.844			
R_{31}	0.839			
R_{35}	0.772			
R_{36}	0.74			
R_{15}	0.721			
R_{34}	0.718			
R_{32}	0.713			
R_{37}	0.566			
R_{21}		0.937		
R_{25}		0.857		
R_{23}		0.834		
R_{26}		0.737		

续表

测量变量	成分			
	1	2	3	4
R_{22}		0.694		
R_{24}		0.688		
R_{16}			0.908	
R_{11}			0.872	
R_{12}			0.733	
G_{12}				0.878
G_{13}				0.836
G_{11}				0.673
特征值	4.884	4.207	2.791	2.47
方差贡献率（%）	24.422	21.036	13.956	12.348
累积方差贡献率（%）	24.422	45.458	59.413	71.762

由累计方差贡献率来看，4 个因子的方差贡献率分别为 24.422%、21.036%、13.956%、12.348%，累计解释了 71.762% 的信息，达到 60% 的最低标准，而且 20 个题项在各自维度上的因子载荷都大于 0.5，说明所提取的因子可以被接受，量表效度较佳。其中，因子 1 由 R_{38}、R_{31}、R_{35}、R_{36}、R_{15}、R_{34}、R_{32}、R_{37} 八个题项组成，为环境因素；因子 2 包含 R_{21}、R_{25}、R_{23}、R_{26}、R_{22}、R_{24} 六个题项，为社会因素；因子 3 包含 R_{16}、R_{11}、R_{12} 三个题项，为经济因素；因子 4 包含 G_{12}、G_{13}、G_{11} 三个题项，为绿色度。

④ 信度检验

信度代表的是量表的一致性与稳定性，信度系数在量表项目分析中也可作为同质性检验的指标之一。信度分内部信度和外部信度，目前，内部信度一般用 Cronbach α 系数来检测。Cronbach α 值在 0.6 ~ 0.7 之间表示信度尚可，0.7 ~ 0.8 之间表示信度佳，0.8 ~ 0.9 之间表示信度甚佳，0.9 以上说明信度非常理想。除了总体的 Cronbach α 系数外，还可以通过对"项已删除的 Cronbach α 值"以及 CITC（校正的项总计相关性）两项来检视量表的总体信度，"项删除后的 Cronbach α 系数"表示的是题项删除后整体量表的总体信度系数，如此数值比原先的 α 系数高出许多，则说明此题项所测属性与其余题项的存在不一致，与其他题项的同质性不高，可根据实际情况考虑将此题项删除；"校正的项总计相关性"（CITC）也是分析信度的一项重要指标，当题项该值小于 0.40 时，则表示该题项与其余题项的相关为低度相关，可考虑将该题项删除。

因子分析后可对总量表和各因子的分量表进行信度检测，Cronbach α 系数、校正的项总计相关性、项删除后的 Cronbach α 系数如表 6.20 所示。

信度检测　　　　表 6.20

	题项	校正的项总计相关性	项删除后的 Cronbach α 系数	分量表 Cronbach α 值	总量表 Cronbach α 值
经济因素	R_{11}	0.608	0.907	0.895	0.912
	R_{12}	0.711	0.904		
	R_{16}	0.52	0.91		
社会因素	R_{21}	0.517	0.909	0.906	
	R_{22}	0.458	0.911		
	R_{23}	0.586	0.908		
	R_{24}	0.525	0.909		
	R_{25}	0.615	0.907		
	R_{26}	0.675	0.905		
环境因素	R_{15}	0.412	0.912	0.896	
	R_{31}	0.541	0.909		
	R_{32}	0.591	0.908		
	R_{34}	0.646	0.906		
	R_{35}	0.513	0.91		
	R_{36}	0.571	0.908		
	R_{37}	0.623	0.907		
	R_{38}	0.579	0.908		
绿色度	G_{11}	0.596	0.907	0.833	
	G_{12}	0.436	0.911		
	G_{13}	0.469	0.91		

由表 6.20 可知，总量表各题项的 Cronbach α 值大于 0.9，量表总体信度十分理想。校正的项总计相关性最小为 0.412，均高于 0.4，项删除后的 Cronbach α 系数也都不大于 0.912，表示任何一项删除后量表的信度都不会提高，20 个题项均可保留。经济因素、社会因素、环境因素、绿色度的 Cronbach α 值分别为 0.895、0.906、0.896、0.833，都高于 0.8，可见分量表的信度也较佳。综上，通过各分析后得到量表包含 20 个题项，可分为有效因子，且量表具有较好的信度和效度。

3）正式调研

通过预调研形成了正式问卷后，进行正式调研。本次调查共发放问卷 450 份，回收问卷 250 份，对回收问卷经过三轮筛选：第一轮，筛除对项目熟悉度为不熟悉及不太熟悉的问卷；第二轮，筛除对项目定量指标填写错误的问卷；第三轮，筛除空题率大于 15% 的问卷 [48]。经过筛除后得到有效问卷 211 份，问卷有效率为 84.4%。

有效问卷中，施工单位12人（6%），监理公司14人（7%），房地产公司62人（29%），设计院42人（20%），政府机构23人（11%），高校58人（27%）。其中，87%以上具备3年以上相关项目的工作经验，见图6.7、图6.8。符合利用SEM的基本要求。运用SPSS20.0、AMOS21.0软件进行分析。

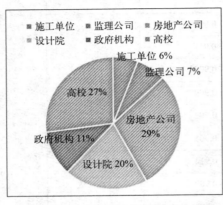

图6.7　参与调研人员所在单位分布　　　图6.8　参与调研人员工作年限分布

① 信度与效度分析

a. 信度分析

与预调研一样，运用Cronbach α 系数校正的项总计相关性、项删除后的Cronbach α 系数来检验各分量表与总量表的信度，结果如表6.21所示。

各量表的Cronbach α 系数　　　　　　表6.21

潜变量	题项	校正的项总计相关性	项删除后的Cronbach α 系数	分量表Cronbach α 值	总量表Cronbach α 值
经济因素	R_{11}	0.538	0.677	0.734	0.887
	R_{12}	0.564	0.641		
	R_{16}	0.581	0.629		
社会因素	R_{21}	0.717	0.79	0.838	
	R_{22}	0.545	0.826		
	R_{23}	0.634	0.809		
	R_{24}	0.564	0.822		
	R_{25}	0.64	0.808		
	R_{26}	0.599	0.816		
环境因素	R_{15}	0.646	0.85	0.869	
	R_{31}	0.604	0.855		
	R_{32}	0.685	0.846		
	R_{34}	0.675	0.847		

续表

潜变量	题项	校正的项总计相关性	项删除后的 Cronbach α 系数	分量表 Cronbach α 值	总量表 Cronbach α 值
环境因素	R_{35}	0.604	0.855	0.869	0.887
	R_{36}	0.643	0.851		
	R_{37}	0.542	0.861		
	R_{38}	0.6	0.857		
绿色度	G_{11}	0.683	0.748	0.820	
	G_{12}	0.691	0.735		
	G_{13}	0.654	0.776		

　　由表 6.21 可知，总量表 20 个题项的 Cronbach α 系数为 0.887，高于 0.8，表示总表信度甚佳。经济因素的 Cronbach α 系数为 0.734，在 0.7 以上，且其中 3 个题项的项总相关最小为 0.629，高于 0.4，而项删除后的 Cronbach α 系数都低于 0.734，表示经济因素分量表有较好的信度；社会因素的 Cronbach α 系数为 0.838，在 0.8 以上，且其中 6 个题项的项总相关最小为 0.79，而项删除后的 Cronbach α 系数都低于 0.838，表示社会因素分量表有很好的信度；环境因素 Cronbach α 系数为 0.869，在 0.8 以上，且其中 8 个题项的项总相关系数都在 0.8 以上，项删除后的 Cronbach α 系数也都低于 0.869，表示环境因素分量表有较好的信度；绿色度的 Cronbach α 值为 0.820，大于 0.8，且其中 3 个题项的项总相关系数都在 0.7 以上，项删除后的 Cronbach α 系数也都低于 0.869，可见绿色度分量表的信度较高。

　　b. 效度分析

　　因子分析之前首先进行 KMO 和 Bartlett 球体检验，结果如表 6.22 所示。

KMO 和 Bartlett 球体检验　　　　　　　　　　表 6.22

取样足够度的 Kaiser-Meyer-Olkin 度量		0.884
Bartlett 的球形度检验	近似卡方	1731.348
	df	190
	sig.	0.000

　　如表 6.22 所示，KMO 值大于 0.7，且 Bartlett 的球形度检验小于 0.05，达到显著水平，可见量表数据适合做因子分析。通过 KMO 及 Bartlett 球体检验后，运用主成分分析法进行因子分析，以特征值大于 1 为抽取原则，结合 Kaiser 标准化的最大方差法进行正交旋转，与预调研一样共得到 4 个特征值大于 1 的公因子，其所得到的旋转后的成分矩阵、各成分特征值及解释的方差见图 6.9 的碎石图。

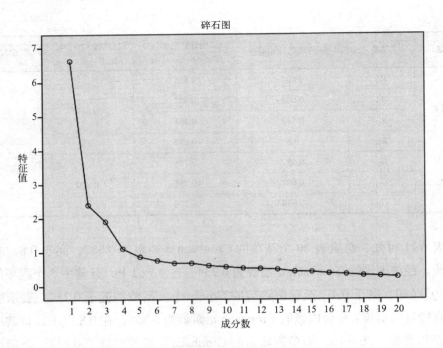

图 6.9　碎石图

旋转后的因子分析如表 6.23 所示。

旋转后的因子分析表　　　　　　　　　　　　　　　　　　　　表 6.23

	成分			
	1	2	3	4
R_{36}	0.75			
R_{35}	0.743			
R_{15}	0.735			
R_{34}	0.734			
R_{32}	0.708			
R_{31}	0.67			
R_{38}	0.638			
R_{37}	0.588			
R_{21}		0.821		
R_{25}		0.797		
R_{23}		0.68		
R_{22}		0.675		

续表

	成分			
	1	2	3	4
R_{26}		0.642		
R_{24}		0.612		
G_{11}			0.775	
G_{13}			0.724	
G_{12}			0.685	
R_{11}				0.803
R_{16}				0.781
R_{12}				0.778
特征值	4.323	3.329	2.259	2.1
方差贡献率（%）	21.617	16.647	11.294	10.498
累积方差贡献率（%）	21.617	38.264	49.558	60.056

由图 6.9 的碎石图可知，正交旋转后共得到 4 个特征值大于 1 的有效因子。而又由表 6.23 可知，4 个因子的方差贡献率分别为 21.617%、16.647%、11.294%、10.498%，累计方差贡献率为 60.056%，表示 4 个因子共解释了量表 60.056% 的信息，达到 60% 的最低标准，而且每个题项在各自维度上的因子载荷都大于 0.5，说明所提取的因子可以被接受。因子分析结果与预调研基本一致，其中，因子 1 为环境因素，包含 R_{15}、R_{31}、R_{32}、R_{34}、R_{35}、R_{36}、R_{37}、R_{38} 八个题项组成；因子 2 为社会因素，包含 R_{21}、R_{22}、R_{23}、R_{24}、R_{25}、R_{26} 六个题项；因子 3 为绿色度，包含 G_{11}、G_{12}、G_{13} 三个题项，因子 4 为经济因素，包含 R_{11}、R_{12}、R_{16} 三个题项。

通过以上的因子分析可知，本研究的量表具有较好的建构效度。

② 结构方程模型分析

a. 测量模型

结构方程模型一般由测量模型和结构模型两个部分组成。测量模型，主要处理观测指标与潜变量之间的关系，也称为验证性因子分析（CFA）。通过验证性因子分析，可以对量表内部质量和拟合度等进行检验，通过对结构模型的检验则可以进行路径分析，检验研究假设。本研究的测量模型中共包含 4 个潜变量，18 个观测变量，其中经济因素 3 个观测变量，社会因素 6 个观测变量，环境因素 8 个观测变量，绿色度 3 个观测变量，运用 AMOS21.0 软件进行验证性因子分析，并对测量模型的信度效度进行检验，模型图如图 6.10 所示。

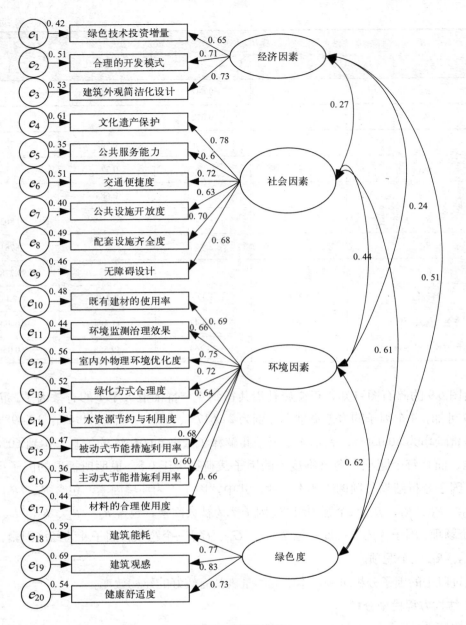

图 6.10　测量模型

b. 信度与效度检验

测量模型的信度检验主要包括组合信度和个别题项信度的检验。潜变量的组合信度为模型内在质量的判别标准之一，根据标准化的因子载荷量估计值可以算出潜变量的组合信度（即 CR）或构念信度，若组合信度大于 0.6，则表示模型的内在质量理想。个别条目信度检验 SMC 指标，即用观测变量被潜变量所解释的程度作为该题项的个别题项信度，应至少大于 0.20。

进行效度检验首先应该考察潜变量的标准化因子载荷，其值应大于 0.5，这意味着问项与其潜变量之间的共同方差大于问项与误差方差之间的共同方差，都是显著的；然后考察 AVE 值，AVE 值应大于 0.36。

测量模型的信度与效度指标组合信度、个别条目信度、标准化因子载荷、平均变异萃取量如表 6.24 所示。

潜变量	测量指标	SMC（R^2）	标准化因子载荷	CR	AVE
经济因素	绿色技术投资增量 R_{11}	0.417	0.646***	0.739	0.486
	合理的开发模式 R_{12}	0.506	0.712***		
	建筑外观简洁化设计 R_{16}	0.534	0.731***		
社会因素	文化遗产保护 R_{21}	0.608	0.78***	0.841	0.471
	公共服务能力 R_{22}	0.354	0.595***		
	交通便捷度 R_{23}	0.512	0.715***		
	公共设施开放度 R_{24}	0.402	0.634***		
	配套设施齐全度 R_{25}	0.487	0.698***		
	无障碍设计 R_{26}	0.461	0.679***		
环境因素	既有建材使用率 R_{15}	0.481	0.694***	0.871	0.459
	环境检测治理效果 R_{31}	0.437	0.661***		
	室内外物理环境优度 R_{32}	0.561	0.749***		
	绿化方式合理度 R_{34}	0.524	0.724***		
	水资源节约与利用度 R_{35}	0.405	0.637***		
	被动节能措施利用率 R_{36}	0.466	0.682***		
	主动节能措施利用率 R_{37}	0.356	0.596***		
	材料的合理使用度 R_{38}	0.442	0.665***		
绿色度	建筑能耗 G_{11}	0.589	0.767***	0.822	0.606
	建筑观感 G_{12}	0.692	0.832***		
	舒适度 G_{13}	0.539	0.734***		

验证性因子分析结果　　　　表 6.24

注：SMC 为多元相关平方的数值；AVE 为平均变异萃取量；CR 组成信度。*** 表示在 $P < 0.001$ 上显著。

由表 6.24 可知，4 个潜变量的组合信度 CR 分别为 0.739、0.841、0.871、0.822，均高于 0.6，表示潜变量具有较好的信度；20 个题项的 SMC 指标在 0.354 与 0.692 之间，均大于 0.2，说明量表全部题项都通过个别条目信度检验，可见本研究的潜变量与观测变量都有良好的信度。20 个条目的标准化因子载荷最低为 0.595，都高于 0.5，且均达到了显著水平，且 AVE 在 0.459 ~ 0.606 之间，均高于 0.36 的建议值，可见本研究之测量模型仍较好收敛效度。

综上可知，本研究的测量模型通过潜变量和指标题项的信度、效度检验，表明本研究的测量是可靠的，测量模型质量较好。

c. 模型拟合优度评价

模型拟合指数也是判定模型质量的重要标准，拟合指数指标较多，一般常用的判断指标有 χ^2，CFI，GFI，TFI，RMSEA，RMR 的评估。χ^2 为模型卡方值，其值越小说明拟合越好，但是随着样本量的增加，其值也会增加，容易出现拒绝假设的情况，随着结构方程模型的不断发展，越来越多的研究将 χ^2/df 小于 3（或 5）作为标准；CFI 为比较拟合指数，是将设定模型与基础模型想比较，TFI/NNFI，非基准拟合优度指标，为剔除自由度的影响，GFI 为拟合优度指标，这 3 个值要求都在 0.9 以上，且越接近 1 越好。RMSEA 是近似误差均方根，是近似误差的标准化测量值，RMSEA 是除了卡方值以外，目前唯一能提供置信区间的模型拟合指数，其要求是 <0.05。RMR 是指样本数据与假设协方差矩阵中要素的评价误差，它的值越接近 0 表示整体模型拟合程度越好，其值要求小于 0.05；测量模型的主要拟合指标如表 6.25 所示。

模型拟合指数 表 6.25

	χ^2/df	GFI	RMR	RMSEA	CFI	TLI	IFI
建议值	1 ~ 3 之间	>0.9	<0.05	<0.08	>0.9	>0.9	>0.9
拟合值	1.431	0.902	0.043	0.045	0.956	0.949	0.957
是否达标	是	是	是	是	是	是	是

卡方值 χ^2 为 234.615，自由度 df 为 164，χ^2/df=1.431，在 1 和 3 之间，GFI=0.902，CFI=0.956，TFI=0.949，IFI=0.957，都大于 0.9，RMR=0.043，RMSEA=0.045，都小于 0.05，可见本研究的测量模型的主要拟合指数都达到标准，说明该模型拟合优度良好。

d. 路径分析和假设检验

对测量模型检验过后，需要对结构模型进行路径分析，并根据研究的假设构造结构模型，如图 6.11 所示。

研究假设可以通过各个潜在变量之间的路径系数进行验证。基于统计显著性（$P<0.05$）为前提对各假设的路径进行评价。在 AMOS 中运行以上的结构模型，得到的结构模型的研究假设、路径参数以及假设结果见表 6.26。

如表 6.26 所示，本研究的 3 个假设中，路径"经济因素→绿色度"的标准路径系数为 0.321，$P<0.001$，达到显著，说明经济因素对旧工业再生建筑的绿色度存在显著正向影响，假设 H_1 得到支持；

路径"社会因素→绿色度"的路径系数为 0.350，$P<0.001$，达到显著水平，说明社会因素对旧工业再生建筑的绿色度存在显著正向影响，假设 H_2 得到支持；

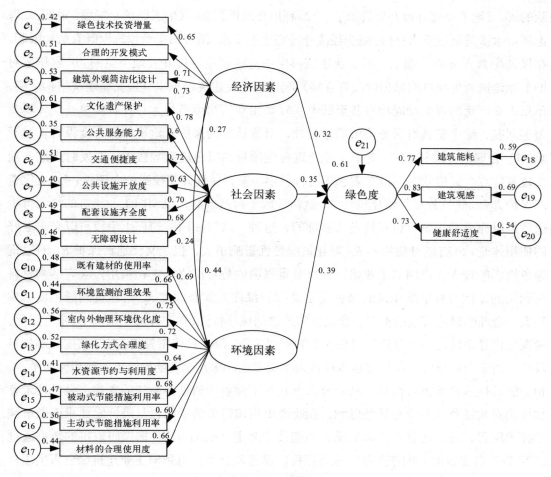

图 6.11　结构模型

假设结果　　　　　　　　　　　　　　　　　　　表 6.26

假设	路径	标准化路径系数	P 值	结论
H_1	经济因素→绿色度	0.321	***	支持
H_2	社会因素→绿色度	0.350	***	支持
H_3	环境因素→绿色度	0.387	***	支持

注：*** 表示 $P<0.001$ 达到显著。

　　路径"环境因素→绿色度"的路径系数为 0.379，$P<0.001$，在 0.001 水平上达到水平，说明环境因素对旧工业再生建筑的绿色度存在显著正向影响，假设 H_3 得到支持。

　　（3）结论分析

　　由三条路径的标准化路径系数以及表 6.24 中的标准化因子荷载可以得出以下结论：
1）旧工业建筑再生项目的绿色度受经济 R_1、社会 R_2、环境 R_3 三大因素共同作用；2）剔

除的 R_{13}（地下空间合理开发）、R_{14}（土地利用合理性）、R_{33}（生态保护）三项，说明：a. 考虑到雨水渗透及地下水补给、减少径流外排等生态要求，结合旧工业建筑因既有结构限制，在保证配套齐全的基础上，旧工业建筑再生中应该避免过度开发地下空间；b. 容积率对旧工业建筑再生项目的绿色度没有直接影响。旧工业建筑容积率直接受原建筑结构影响，单层工业厂房的再生功能项目甚至低于 0.5；c. 工业厂房原有林木存在种类单一、外观较差等问题，除个别具有历史价值的植株外，对原林木的保护对建筑的绿色度没有直接影响；3）合理的开发模式 R_{12} 对旧工业建筑再生项目的绿色度影响较大，开发时应综合项目建筑特点、区位状况、消费需求等进行科学决策，保证开发模式的合理性；4）文化遗产保护 R_{21} 与建筑外观简洁化设计 R_{16} 这两项因子荷载较高，说明旧工业建筑的绿色再生通常是以充分利用既有建筑特色为基础的，这种"修旧如旧"的再生手段可以带来更好的使用体验；既有建材使用率 R_{15} 对建筑绿色性影响不大，但是文化遗产保护 R_{21} 对建筑绿色性影响较大，说明旧工业建筑绿色着重强调的是对价值认定和利用，既有结构材料再利用的比例与再生后建筑的绿色度无关；5）绿化方式合理度 R_{34} 对建筑的绿色度影响较大。合理的绿化可以改善工业建筑粗犷严肃的风格特性，在室外面积限制下，垂直绿化、屋顶绿化等手段是旧工业建筑绿色再生的重要手段；绿色投资增量 R_{11} 对绿色度影响相对较小。由于大部分旧工业建筑再生项目为单层工业厂房，建筑结构简单、使用性质单一，相应的其技术体系也较简单，功能要求上几乎不需要任何设备系统的支撑，绿色技术叠加使用对其绿色度并没有显著影响，在改造中应该避免为了绿色星级评定要求而做单纯的技术堆砌，技术选择时应以被动式节能技术为主（R_{36}）；6）根据调研取得的数据通过 SEM 分析各变量间的内在关系，进行指标的筛选和分类，得到旧工业建筑绿色再生项目评价指标框架见表 6.27。

旧工业建筑绿色再生项目评价指标框架　　　　　　　　　　　　表 6.27

潜变量（一级指标）	测量变量（二级指标）
经济	绿色技术投资增量 R_{11}
	合理的开发模式 R_{12}
	建筑外观简洁化设计 R_{16}
社会	文化遗产保护 R_{21}
	公共服务能力 R_{22}
	交通便捷度 R_{23}
	公共设施开放度 R_{24}
	配套设施齐全度 R_{25}
	无障碍设计 R_{26}

续表

潜变量（一级指标）	测量变量（二级指标）
环境	既有建材使用率 R_{15}
	环境检测治理效果 R_{31}
	室内外物理环境优度 R_{32}
	绿化方式合理度 R_{34}
	水资源节约与利用度 R_{35}
	被动节能措施利用率 R_{36}
	主动节能措施利用率 R_{37}
	材料的合理使用度 R_{38}

6.5　旧工业建筑绿色再生评价指标体系

6.5.1　旧工业建筑再生项目阶段分析

（1）阶段划分

与一般工程项目生命周期和建设程序类似，旧工业建筑再生项目全寿命周期可以划分为四个主要阶段，即开发决策阶段、设计阶段、施工阶段和运营阶段[43][49][50]，如图 6.12 所示。

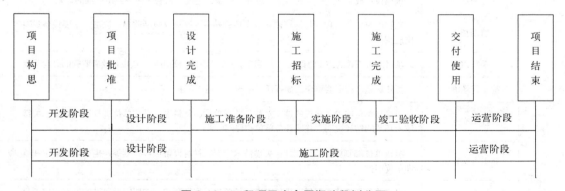

图 6.12　工程项目生命周期阶段划分图

各个阶段的项目管理程序及主要工作内容如表 6.28 所示。

（2）评价阶段的主要特征

基于可拓学理论中的基元理论将旧工业建筑再生项目设定的四个评价阶段作为基元进行分析，根据基元理论需要找到描述基元的特征。各阶段特征表现见表 6.29。

工程项目管理程序　　　　　　　　　　　　　　　　　　表 6.28

项目管理阶段	项目管理程序	主要工作内容和任务
开发阶段	项目构思分析投资机会研究	对项目的初步构思建议，并对投资机会分析
	预期总体目标	根据机会研究情况，针对上层系统组织的情况、战略要求，以及社会和经济环境条件，提出项目要达到的各项指标
	项目定义	进一步明确项目目标系统的构成、范围，并对目标说明
	总体方案策划	根据所提出的目标情况，对项目的实施的总体方案进行策划，包括功能定位、产品种类、占地位置、规划思路、融资方案、建设方案等
	项目建议书	较为全面地对前期所做工作细化说明，并提出可行性研究应明确的细节问题
	可行性研究	对工程项目所涉及的各个方面进行科学合理的分析论证，为最终决策提供依据
	项目评价决策	根据可行性研究，从国民经济、环境影响、财务分析等多个角度进行评价，做出决策
设计阶段	组建管理体系	项目立项后，应尽快组建正式项目管理班子，开始执行下一步的管理工作
	初步方案设计	根据可行性研究报告中论证的各项指标要求，进行项目的初步方案设计
	技术设计	在初步方案设计的基础上，进一步确定工艺流程，结构形式，设备材料选型等
	施工图设计	对整个项目建设所需的各个专业进行从总体到细部的详细设计，符合设计规范，满足功能要求和项目目标
	图纸审查	具有图纸审查资质的单位对项目图纸按照现行法律、规范、地方规定进行审查，同时提出设计优化建议
	合理计划	根据设计成果对组织实施方法、过程、资金、进度、采购供应等做出详细的计划
	前期招标	工程项目实施过程的招标可能会贯穿项目始终，这里仅包括监理、施工、主要设备材料供应招标
	手续审批	项目进入正式的施工阶段之前需要通过多个政府部门的审批，这也是政府监管的必要手段
	施工现场准备	拟建场地进行必要整理，如拆迁、平整、三通／五通
施工阶段	技术交底	由设计单位向参加建设的施工单位、监理单位、材料设备供应单位进行设计意图、关键技术环节的解释说明，并回答各单位的疑问
	施工方案审批	参建单位编制施工组织设计、关键技术方案、材料设备供应计划等，提交建设单位和监理单位审批
	施工建设	参建单位严格执行图纸的设计内容，按照施工规范要求，按照审批通过的方案完成项目建设
	项目竣工验收	参建单位完成所有设计文件中的内容后，组织竣工验收
	收尾修补	对验收过程中存在的问题修补整改，直至交付使用
运营阶段	质保维修	在建设项目质保期内，及时维修整改任何质量问题
	维护管理	项目使用过程中，制定合理的维护办法，项目及时维护
	项目后评价	对项目实施过程、运营效果、环境影响情况进行评价分析，积累经验

旧工业建筑再生项目评价阶段特征 表 6.29

特征 / 特征表现 / 评价阶段	开发阶段	设计阶段	施工阶段	运营阶段
实施主体	决策者	设计单位	参建单位	使用者或管理者
接受对象	环境评估、历史文化鉴定、安全评估、经济分析	总体方案、细部方案、材料设备、施工图	闲置的旧工业建筑	再生利用后的建筑物
时间阶段	决策期间	设计期间	施工期间	使用期间
实施方式	依据政策法规、综合评价、专家论证会、公开听证会	规范规定、计算分析、图形绘制	主体施工、装修施工、设备安装、水暖电安装、园林施工	清扫、保养、维修
实施地点	零散的、不固定的	设计单位办公驻地	旧工业建筑所在地和外加工场地	再生利用项目本身所在地
影响程度	可持续性和可行性	可持续性和可行性	可持续性和可行性	可持续性和可行性
成果形式	决策结论	设计图纸和计算书	建筑实体中呈现	再生利用项目保持状态，持续存在

6.5.2 旧工业建筑绿色再生项目评价阶段指标可拓判别

（1）评价阶段的总体事物元的设定

旧工业建筑再生项目评价阶段设定为：开发阶段、设计阶段、施工阶段、使用维护阶段，故这四个阶段为总体事物元 R_{o1}，R_{o2}，R_{o3}，R_{o4}。

结合对各个评价阶段的特征分析，实施主体、时间阶段、接收对象和实施方式对于每个评价阶段来说都属于本质特征，因此选取这四个特征作为可拓判别方法中描述总体事物元的主要特征指标。建立总体经典域事物元模型为：

$$R_{oi} = \left(X_{oi}, C, V_{oi}\right) = \begin{bmatrix} X_{oi} & c_1 & V_{oi1} \\ & c_2 & V_{oi2} \\ & c_3 & V_{oi3} \\ & c_4 & V_{oi4} \end{bmatrix} = \begin{bmatrix} X_{oi} & c_1 & \langle a_{oi1}, b_{oi1} \rangle \\ & c_2 & \langle a_{oi2}, b_{oi2} \rangle \\ & c_3 & \langle a_{oi3}, b_{oi3} \rangle \\ & c_4 & \langle a_{oi4}, b_{oi4} \rangle \end{bmatrix} \quad (i=1, 2, 3, 4)$$

其中 c_1，c_2，c_3，c_4 分别表示实施主体、时间阶段、接受对象和实施方式四个特征，$\langle a_{oi1}, b_{oi1} \rangle$，$\langle a_{oi2}, b_{oi2} \rangle$，$\langle a_{oi3}, b_{oi3} \rangle$，$\langle a_{oi4}, b_{oi4} \rangle$ 分别表示四个特征的经典域。

（2）样本事物元建立

将表 6.27 中指标：绿色技术投资增量（R_{11}）、合理的开发模式（R_{12}）、建筑外观简洁化设计（R_{16}）、文化遗产保护（R_{21}）、公共服务能力（R_{22}）、交通便捷度（R_{23}）、公共设施开放度（R_{24}）、配套设施齐全度（R_{25}）、无障碍设计（R_{26}）、既有建材使用率（R_{15}）、环境检测治理效果（R_{31}）、室内外物理环境优度（R_{32}）、绿化方式合理度（R_{34}）、水资源节约与利用度（R_{35}）、被动节能措施利用率（R_{36}）、主动节能措施利用率（R_{37}）、材料的合理使用度（R_{38}）作为评价阶段的 n 个样品（n 为 1，2，3，…）。同样考虑对于样品事物元，实施主体、时间阶段、接受对象和实施方式作为四个特征指标。

建立样本 x 的节域事物元模型：

$$R_{oX} = \left(X, C, V_X\right) = \begin{bmatrix} X & c_1 & V_{oX1} \\ & c_2 & V_{oX2} \\ & c_3 & V_{oX3} \\ & c_4 & V_{oX4} \end{bmatrix} = \begin{bmatrix} X & c_1 & \langle a_{oX1}, b_{oX1} \rangle \\ & c_2 & \langle a_{oX2}, b_{oX2} \rangle \\ & c_3 & \langle a_{oX3}, b_{oX3} \rangle \\ & c_4 & \langle a_{oX4}, b_{oX4} \rangle \end{bmatrix}$$

则待判别样品 x 事元为： $$R_n = \begin{bmatrix} X & c_1 & V_{n1} \\ & c_2 & V_{n2} \\ & c_3 & V_{n3} \\ & c_4 & V_{n4} \end{bmatrix}$$

（3）确定特征指标的权重系数

分析实施主体、时间阶段、接受对象和实施方式四个特征指标，根据特征对所描述事物元的必要性和重要性，通过专家问卷打分的形式确定特征指标的权重系数分别为：$\lambda_1 = 0.3$，$\lambda_2 = 0.2$，$\lambda_3 = 0.3$，$\lambda_4 = 0.2$。

（4）评价阶段总体事物元经典域赋值

对于评价阶段总体事物元经典域的赋值原则如下：

1）实施主体比较集中明确，则简单地分别赋值为（0，1），（1，2），（2，3），（3，4）；

2）时间阶段以 0 ~ 1 为时间轴，对四个阶段分别划分；

3）接受对象比较离散，各阶段也有一定的相容，所以赋值为（0，1.2），（1，2），（1.8，3），（2.7，4）；

4）实施方式的赋值也等同于接受对象，简单赋值为（0，1），（1，2），（2，3），（3，4）。

因此仅时间阶段需要通过征求专家意见，综合评价阶段的特征赋值见表 6.30。

各评价阶段特征赋值   表 6.30

特征 赋值 评价阶段	实施主体	时间阶段	接受对象	实施方式
开发阶段 R_{o1}	（0，1）	0 ~ 0.25	（0，1.2）	（0，1）
设计阶段 R_{o1}	（1，2）	0.25 ~ 0.4	（1，2）	（1，2）
施工阶段 R_{o1}	（2，3）	0.4 ~ 0.9	（1.8，3）	（2，3）
运营阶段 R_{o1}	（3，4）	0.9 ~ 1.0	（2.7，4）	（3，4）

根据各评价阶段的特征赋值，总体事物元的经典域可以表示如下：

$$R_{o1} = \begin{bmatrix} X_{o1} & c_1 & \langle 0,1 \rangle \\ & c_2 & \langle 0,0.25 \rangle \\ & c_3 & \langle 0,1.2 \rangle \\ & c_4 & \langle 0,1 \rangle \end{bmatrix}, \quad R_{o2} = \begin{bmatrix} X_{o2} & c_1 & \langle 1,2 \rangle \\ & c_2 & \langle 0.25,0.4 \rangle \\ & c_3 & \langle 1,2 \rangle \\ & c_4 & \langle 1,2 \rangle \end{bmatrix}$$

$$R_{o3} = \begin{bmatrix} X_{o3} & c_1 & \langle 2,3 \rangle \\ & c_2 & \langle 0.4,0.9 \rangle \\ & c_3 & \langle 1.8,3 \rangle \\ & c_4 & \langle 2,3 \rangle \end{bmatrix}, \quad R_{o4} = \begin{bmatrix} X_{o4} & c_1 & \langle 3,4 \rangle \\ & c_2 & \langle 0.9,1 \rangle \\ & c_3 & \langle 2.7,4 \rangle \\ & c_4 & \langle 2.8,4 \rangle \end{bmatrix}$$

由此得出的节域为：
$$R_{oX} = \begin{bmatrix} X_{o4} & c_1 & \langle 0,4 \rangle \\ & c_2 & \langle 0,1 \rangle \\ & c_3 & \langle 0,4 \rangle \\ & c_4 & \langle 0,4 \rangle \end{bmatrix}$$

5）评价内容样本事物元特征赋值

对于评价内容样本事物元特征赋值同样是通过专家问卷调研的形式，对四个特征按以下规则打分：

① 根据每个评价内容所对应的实施主体在 0 ～ 4 之间赋值；

② 根据每个评价内容所处的时间在 0 ～ 1 之间赋值；

③ 根据每个评价内容所对应的接受对象在 0 ～ 4 之间赋值；

④ 根据每个评价内容所对应的实施方式在 0 ～ 4 之间赋值。

则经过大量专家问卷打分计算后的各特征的赋值见表 6.31。

各评价内容特征赋值　　　　　　　　　　　　　　　　　表 6.31

特征赋值 评价内容	实施主体	时间阶段	接受对象	实施方式
绿色技术投资增量 R_{11}	0.6	0.16	0.7	0.7
合理的开发模式 R_{12}	0.7	0.14	0.8	0.7
建筑外观简洁化设计 R_{16}	0.9	0.15	0.7	0.9
文化遗产保护 R_{21}	0.7	0.18	1	0.9
公共服务能力 R_{22}	0.6	0.2	1	0.9
交通便捷度 R_{23}	0.9	0.24	1.1	0.8
公共设施开放度 R_{24}	1.1	0.18	1.1	0.9
配套设施齐全度 R_{25}	1.1	0.24	0.9	0.9

续表

特征赋值 评价内容	实施主体	时间阶段	接受对象	实施方式
无障碍设计 R_{26}	1.5	0.28	1.5	1.8
既有建材使用率 R_{15}	1.2	0.3	1.6	1.4
环境检测治理效果 R_{31}	1.5	0.4	1.8	2
室内外物理环境优度 R_{32}	1.5	0.4	1.8	2
绿化方式合理度 R_{34}	1.8	0.43	1.5	1.8
水资源节约与利用度 R_{35}	1.9	0.45	1.8	2
被动节能措施利用率 R_{36}	2.5	0.47	2.5	2.2
主动节能措施利用率 R_{37}	2.5	0.49	2.5	2.3
材料的合理使用度 R_{38}	2.5	0.49	2.5	2.3

根据式 (4-7)、式 (4-8)、式 (4-9) 计算各评价内容对于四个评价阶段的关联度 $K_i(x)$，见表 6.32，当 $K_i(x) > 0$ 时，可判别该指标所属对应阶段。

各评价内容相对于四个评价阶段的关联度　　　　　　　　　　表 6.32

	关联度 评价内容	$K_1(x)$	$K_2(x)$	$K_3(x)$	$K_4(x)$	阶段分类			
						开发	设计	施工	运营
经济指标	绿色技术投资增量 R_{11}	0.45	0.17	0.56	0.71	✓	✓	✓	✓
	合理的开发模式 R_{12}	0.77	-0.18	-0.56	-0.32	✓			
	建筑外观简洁化设计 R_{16}	0.14	0.28	-0.49	0.68	✓	✓		✓
社会指标	文化遗产保护 R_{21}	0.16	0.02	0.48	-0.66	✓	✓	✓	
	公共服务能力 R_{22}	0.16	0.53	-0.48	0.67	✓	✓		✓
	交通便捷度 R_{23}	0.41	0.35	-0.22	0.49	✓	✓		✓
	公共设施开放度 R_{24}	0.38	0.28	-0.28	0.54	✓	✓		✓
	配套设施齐全度 R_{25}	0.27	0.19	-0.09	0.42	✓	✓	✓	✓
	无障碍设计 R_{26}	0.27	0.29	-0.09	0.42	✓	✓		✓
环境指标	既有建材使用率 R_{15}	0.26	0.20	0.10	0.43	✓	✓	✓	✓
	环境检测治理效果 R_{31}	0.30	-0.03	-0.01	0.37	✓			✓
	室内外物理环境优度 R_{32}	0.43	0.20	0.41	0.26	✓	✓	✓	✓
	绿化方式合理度 R_{34}	0.44	0.21	-0.44	0.25	✓	✓		✓
	水资源节约与利用度 R_{35}	0.44	0.21	0.44	0.25	✓	✓	✓	✓
	被动节能措施利用率 R_{36}	0.45	0.23	-0.40	0.23	✓	✓		✓
	主动节能措施利用率 R_{37}	0.45	0.23	0.40	0.23	✓	✓	✓	✓
	材料的合理使用度 R_{38}	0.45	0.23	0.40	0.23	✓	✓	✓	✓

根据表 6.32 得到各个阶段的评价指标，得到旧工业建筑绿色再生项目评价指标体系。结合《绿色建筑评价标准》规定和旧工业建筑绿色再生项目特点，对指标量化标准及其量值范围进行定义。见表 6.33 ～表 6.36。指标评分应以满足必须达标的控制条件为基础，其中，控制条件包括：①项目按照正常报建、审批流程开展。经检测加固，结构安全性符合《民用建筑可靠性鉴定标准》GB 50292、《混凝土结构加固设计规范》GB 50367、《建筑抗震设计规范》GB 50011 等要求；符合规划及相关规范强制要求，包括《民用建筑节水设计标准》GB 50555、《建筑照明设计标准》GB 50034、《民用建筑隔声设计规范》GB 50118、《建筑照明设计标准》GB 50034、《民用建筑供暖通风与空气调节设计规范》GB 50736、《民用建筑热工设计规范》GB 50736、《室内空气质量标准》GB 50176 等的基本要求；②场地内无超标排放污染源，无洪涝、泥石流、危险化学品、易燃易爆品等威胁；③采用节水器具，不采用电直加热设备作为供暖空调系统的供暖和空气加湿冷热源，输配系统和照明能耗分项计量；④所用材料安全可靠，不使用国家（或地方）禁止或限制使用的材料制品。

6.5.3　旧工业建筑绿色再生评价指标体系建立

　　根据 SEM- 物元可拓建立各阶段评价指标体系如表 6.33 ～表 6.36 所示。

　　（1）开发阶段评价指标体系

　　开发阶段评价指标体系如表 6.33 所示。

开发阶段评价指标体系

表 6.33

一级指标	二级指标	量值	量化标准
经济指标	绿色技术投资增量 R_{11}	[0，5]	绿色技术单位面积投资增量成本应进行合理控制，参考当年发布的各星级绿色建筑的投资增量结合绿色目标进行合理决策，保证投资增量投入
	合理的开发模式 R_{12}	[0，5]	综合考虑建筑结构特点、历史价值、周边环境等因素，以最大化利用既有建筑为前提确定合理的开发模式
	建筑外观简洁化设计 R_{16}	[0，8]	充分依据原建筑结构及风格进行简化设计以降低造价
社会指标	文化遗产保护 R_{21}	[0，8]	制定合理方案对原建筑具备的历史价值进行科学保护
	公共服务能力 R_{22}	[0，5]	建筑兼容两种以上功能
	交通便捷度 R_{23}	[0，9]	合理规划使场地和公共交通具备便捷的联系
	公共设施开放度 R_{24}	[0，6]	配套辅助设施资源共享 [0，2]，公共空间免费开放 [0，4]
	配套设施齐全度 R_{25}	[0，6]	合理设置停车场所
	无障碍设计 R_{26}	[0，3]	项目初步设计中充分考虑无障碍设计
环境指标	既有建材使用率 R_{15}	[0，10]	充分利用原建筑中经检测加固结构完好的结构及材料
	环境检测治理效果 R_{31}	[0，5]	对环境进行检测，结合检测结果科学治理

续表

一级指标	二级指标	量值	量化标准
环境指标	室内外物理环境优度 R_{32}	[0, 12]	不使用玻璃幕墙 [0, 2]；有改善室内外物理环境的方案 [0, 10]
	绿化方式合理度 R_{34}	[0, 13]	合理规划绿地率，$30\% \leqslant R_g < 35\%$[0, 2]，$35\% \leqslant R_g < 40\%$[0, 3]，$R_g \geqslant 40\%$[0, 2]；科学配置绿化植物 [0, 3]；采用屋顶绿化、垂直绿化等方式提高绿地率 [0, 3]
	水资源节约与利用度 R_{35}	[0, 9]	制定合理的节水措施和水资源利用方案，雨水控制、回收利用方法
	被动节能措施利用率 R_{36}	[0, 5]	制定包括窗墙比合理优化设计、自然通风等科学合理的被动节能技术利用方案
	主动节能措施利用率 R_{37}	[0, 5]	制定科学合理的主动节能技术利用方案
	材料的合理使用度 R_{38}	[0, 15]	对加固方案及新增构件的优化设计 [0, 5]；制定合理的材料使用计划 [0, 10]

注：表中 R_g 为绿地率。

(2) 设计阶段评价指标体系

设计阶段评价指标体系如表 6.34 所示。

设计阶段评价指标体系　　　　　　　　　表 6.34

一级指标	二级指标	量值	量化标准
经济指标	绿色技术投资增量 R_{11}	[0, 5]	绿色技术单位面积投资增量成本应进行合理控制，设计时通过对所用技术材料对绿色技术投资增量进行计算，参考当年发布的各星级绿色建筑的投资增量进行评分
	建筑外观简洁化设计 R_{16}	[0, 8]	充分依据原建筑结构及风格进行简化设计
社会指标	文化遗产保护 R_{21}	[0, 8]	制定合理设计方案对原建筑具备的历史价值进行科学保护
	公共服务能力 R_{22}	[0, 5]	设计时保证建筑兼容两种以上功能
	交通便捷度 R_{23}	[0, 9]	设计时充分考虑场地与公共交通联系便捷：$L_{EW} \leqslant 500m$ 或 $L_{SW} \leqslant 800m$ [0, 3]，L_W=800m 范围内有两条以上线路的公共交通站点 [0, 3]，有人行通道联系公共交通站点 [0, 3]
	公共设施开放度 R_{24}	[0, 6]	配套辅助设施资源共享 [0, 2]，公共空间免费开放 [0, 4]
	配套设施齐全度 R_{25}	[0, 8]	红线范围内户外活动场地遮阴面积 $\geqslant 10\%$[0, 1]、$\geqslant 20\%$[0, 1]；合理设置停车场所等配套设施 [0, 6]
	无障碍设计 R_{26}	[0, 3]	设计中充分考虑无障碍设计
环境指标	既有建材使用率 R_{15}	[0, 20]	充分利用原建筑中经检测加固结构完好的结构及材料，$70\% \leqslant R_{ru} < 80\%$[0, 5]、$80\% \leqslant R_{ru} < 90\%$[0, 3]、$90\% \leqslant R_{rc} < 100\%$[0, 2]；$20\% \leqslant R_{rc} < 30\%$[0, 5]、$30\% \leqslant R_{rc} < 40\%$[0, 3]、$R_{rc} \geqslant 40\%$[0, 2]

续表

一级指标	二级指标	量值	量化标准
环境指标	室内外物理环境优度 R_{32}	[0, 31]	不使用玻璃幕墙 [0, 2]；室外夜景照明光污染限制符合规范规定 [0, 2]；场地内噪声环境符合标准规定 [0, 4]；合理进行建筑改造，保证室外良好风环境，冬季人行分区风速小于 5m/s，且室外风速放大系数小于 2[0, 2]，迎风面被封面风压差 ≤ 5Pa[0, 1]；夏季过渡季人行活动区不出现涡旋或无风区 [0, 2]，一半以上可开启外窗室内外表面风压差大于 0.5Pa[0, 1]；70% 以上的路面屋面太阳辐射反射系数 ≥ 0.4[0, 2]；采取有效减少噪声干扰措施 [0, 4]；能通过外窗看到室外自然景观 [0, 3]；采光系数满足标准要求 [0, 8]
	绿化方式合理度 R_{34}	[0, 13]	合理规划绿地率，30% ≤ R_g < 35%[0, 2]，35% ≤ R_g < 40%[0, 3]，R_g ≥ 40%[0, 2]；科学配置绿化植物 [0, 3]；采用屋顶绿化、垂直绿化等方式提高绿地率 [0, 3]
	水资源节约与利用度 R_{35}	[0, 83]	雨水科学回收利用，S_{GW} ≥ 30%[0, 3]，合理衔接、引导雨水进入地面生态设施 [0, 3]，S_{HW} ≥ 50%[0, 3]；合理径流控制规划，控制雨水外排总量，R_{FY} ≥ 55%[0, 3]，R_{FY} ≥ 70%[0, 3]；科学利用雨水进行景观水体设计 [0, 7]；采取有效措施避免管网漏损 [0, 7]；给水系统无超压出流 [0, 8]；设置用水计量装置 [0, 6]；节水绿化灌溉 [0, 10]；空调设备采用节水冷却技术 [0, 10]；其他用水采用节水措施 [0, 5]；合理使用非传统水源 [0, 15]
	被动节能措施利用率 R_{36}	[0, 55]	对于设置玻璃幕墙且不设外窗的，R_{go} ≥ 5%[0, 4]、R_{go} ≥ 10%[0, 2]，对于设外窗且不设幕墙的，R_{wo} ≥ 30%[0, 3]、R_{wo} ≥ 35%[0, 3]；围护结构热工性能 R_{wh} ≥ 5%[0, 5]、R_{wh} ≥ 10%[0, 5]；优化建筑空间布局，改善自然通风效果，60% ≤ R_R < 65%[0, 6]、65% ≤ R_R < 70%[0, 1]、70% ≤ R_R < 75%[0, 1]、75% ≤ R_R < 80%[0, 1]、80% ≤ R_R < 85%[0, 1]、85% ≤ R_R < 90%[0, 1]、90% ≤ R_R < 95%[0, 1]、R_R ≥ 95%[0, 1]；合理设计保证室内天然采光效果 [0, 14]；采取可调节遮阳措施，降低太阳辐射得热 [0, 12]
	主动节能措施利用率 R_{37}	[0, 51]	供暖空调系统冷热源机组能效优于国标能效定值要求 [0, 6]，空调冷热水循环水泵耗电输冷（热）比低于国标标准值 20%[0, 6]；5% ≤ D_e < 10%[0, 3]，10% ≤ D_e < 15%[0, 4]，D_e ≥ 15%[0, 3]；采用分区降低能耗措施，分朝向等分区控制 [0, 3]、合理台数及容量等 [0, 3]、水/风系统变频技术 [0, 3]；排风能量回收系统合理可靠 [0, 3]；合理采用蓄热蓄冷系统 [0, 3]；合理利用余热废热 [0, 3]；合理利用可再生能源 [0, 10]
	材料的合理使用度 R_{38}	[0, 24]	对加固方案及新增构件的优化设计 [0, 5]；使用可重复隔断（墙），30% ≤ R_{rp} < 50%[0, 3]、50% ≤ R_{rp} < 80%[0, 1]、R_{rp} ≥ 80%[0, 1]；采用整体化定型设计的厨卫 [0, 6]；合理采用高耐久性结构材料 [0, 3]；采用耐久性好易维护的装饰装修建材 [0, 5]

注：表中 L_{EW} 为场地出入口到公共汽车站的步行距离；L_{SW} 为场地出入口到轨道交通站的步行距离；L_W 为场地出入口的步行距离；R_{ru} 为既有结构的利用率；R_{rc} 为既有材料的利用率；R_g 为绿地率；S_{GW} 为有蓄水功能的绿地及水体总面积占绿地面积的比例；S_{HW} 为硬质铺装地面中的透水铺装面积的比例；R_{FY} 为场地年径流总量控制率；R_{go} 为玻璃幕墙透明部分可开启面积比例；R_{wo} 为外窗可开启面积比例；R_{wh} 为围护结构热工性能相较国家现行相关建筑节能设计标准规范值提高幅度；R_R 为过渡季典型工况下主要功能房间自然通风面积占总建筑面积的比例；R_{rp} 为可重复使用隔断（墙）的比例；D_e 为供暖、通风和空调系统能耗降低幅度。

（3）施工阶段评价指标体系

施工阶段评价指标体系如表 6.35 所示。

施工阶段评价指标体系 　　　　　　　　　　　　　　　　　表 6.35

一级指标	二级指标	量值	量化标准
经济指标	绿色技术投资增量 R_{11}	[0，9]	控制设计文件变更，避免绿色技术的重大变更及对绿色性能的影响 [0，4]；施工中使用绿色技术的增量成本 [0，5]
社会指标	文化遗产保护 R_{21}	[0，9]	施工中注意对既有建筑的保护，避免对原结构构件的破坏 [0，9]
	配套设施齐全度 R_{25}	[0，4]	进行绿色重点内容专项交底 [0，2]，施工日志记录绿色建筑重点内容实施情况 [0，2]
环境指标	既有建材使用率 R_{15}	[0，7]	可回收施工废弃物回收率 ≥ 80%[0，3]，SW_C ≤ 300t[0，1]，300t < SW_C ≤ 350t[0，2]，350t < SW_C ≤ 400t[0，1]
	室内外物理环境优度 R_{32}	[0，12]	采用降尘 [0，6]、降噪 [0，6] 措施
	水资源节约与利用度 R_{35}	[0，8]	制定实施施工节水、用水方案 [0，2]，监测记录水耗数据 [0，4]；监测记录基坑降水抽取量、排放量及利用量数据 [0，2]
	主动节能措施利用率 R_{37}	[0，12]	制定实施施工节能和用能方案 [0，1]，能耗监测 [0，3]，竣工验收进行机电系统综合调试及联合试运转，结果符合设计要求 [0，8]
	材料的合理使用度 R_{38}	[0，42]	现浇混凝土采用预拌混凝土 [0，5]，建筑砂浆采用预拌砂浆 [0，3]；减少预拌混凝土损耗，损耗率 ≤ 1.5%[0，3]，损耗率 ≤ 1%[0，3]；专业化生产钢筋使用率 ≥ 80%[0，8] 或 3% < LR_{sb} ≤ 4%[0，1]、1.5% < LR_{sb} ≤ 3%[0，5]、LR_{sb} ≤ 1.5%[0，2]；使用工具定型模板，50% < R_{sf} ≤ 70%[0，6]、70% < R_{sf} ≤ 85%[0，2]，R_{sf} ≥ 85%[0，2]；选用本地生产的建材，60% ≤ R_{lm} < 70%[0，6]、70% ≤ R_{lm} < 90%[0，2]、R_{lm} ≥ 90%[0，2]

注：表中 SW_C 为每 1 万 m^2 建筑面积施工固体废弃物排放量；LR_{sb} 为现场加工钢筋损耗率；R_{sf} 为工具式定型模板使用面积占模板工程总面积的比例；R_{lm} 表示施工现场 500km 内生产的建筑材料重量占总建材重量的比例。

（4）运营阶段评价指标体系

运营阶段评价指标体系如表 6.36 所示。

运营阶段评价指标体系 　　　　　　　　　　　　　　　　　表 6.36

一级指标	二级指标	量值	量化标准
经济指标	绿色技术投资增量 R_{11}	[0，5]	运营期间投入合理的费用进行绿色设备的日常运营及维护 [0，5]
	建筑外观简洁化设计 R_{16}	[0，8]	运营中保持原建筑结构及风格，不对建筑进行过度二次装修 [0，8]
社会指标	文化遗产保护 R_{21}	[0，8]	原建筑具备的历史价值得到了合理保护，对原工业历史进行了有效宣传 [0，8]
	公共服务能力 R_{22}	[0，5]	运营中建筑兼容两种以上功能 [0.5]
	交通便捷度 R_{23}	[0，9]	场地与公共交通联系便捷：L_{EW} ≤ 500m 或 L_{SW} ≤ 800m[0，3]，L_W=800m 范围内有两条以上线路的公共交通站点 [0，3]，有人行通道联系公共交通站点 [0，3]
	公共设施开放度 R_{24}	[0，6]	配套辅助设施资源共享 [0，2]，公共空间免费开放 [0，4]

续表

一级指标	二级指标	量值	量化标准
社会指标	配套设施齐全度 R_{25}	[0, 8]	红线范围内户外活动场地遮阴面积≥10%[0, 1]、≥20%[0, 1];合理设置停车场所等配套设施 [0, 6]
	无障碍设计 R_{26}	[0, 3]	项目具有科学合理的无障碍设计,能够满足残障人士正常使用 [0, 3]
环境指标	既有建材使用率 R_{15}	[0, 20]	充分利用原建筑中经检测加固结构完好的结构及材料,70%≤R_{ru}<80%[0, 5]、80%≤R_{ru}<90%[0, 3]、90%≤R_{rc}<100%[0, 2];20%≤R_{rc}<30%[0, 5]、30%≤R_{rc}<40%[0, 3]、R_{rc}≥40%[0, 2]
	环境检测治理效果 R_{31}	[0, 5]	对环境进行了检测,结合检测结果保证了对环境的科学治理,治理后建筑环境符合相关标准要求 [0, 5]
	室内外物理环境优度 R_{32}	[0, 45]	不使用玻璃幕墙 [0, 2];室外夜景照明光污染限制符合规范规定 [0, 2];场地内噪声环境符合标准规定 [0, 4];室外风环境良好,冬季人行分区风速小于 5m/s,且室外风速放大系数小于2[0, 2],迎风面背封面风压差≤5Pa[0, 1];夏季过渡季人行活动区不出现涡旋或无风区 [0, 2],一半以上可开启外窗室内外表面风压差大于 0.5Pa[0, 1];70%以上的路面屋面太阳辐射反射系数≥0.4[0, 2];主要功能房间室内噪声等级满足规范低限标准值 [0, 3]、满足高限标准值 [0, 6];隔声良好 [0, 9];能通过外窗看到室外自然景观 [0, 3];采光系数满足标准要求 [0, 8]
	绿化方式合理度 R_{34}	[0, 13]	合理规划绿地率,30%≤R_g<35%[0,2]、35%≤R_g<40%[0,3]、R_g≥40%[0, 2];科学配置绿化植物 [0, 3];采用屋顶绿化、垂直绿化等方式提高绿地率 [0, 3]
	水资源节约与利用度 R_{35}	[0, 83]	雨水科学回收利用,S_{GW}≥30%[0, 3],合理衔接、引导雨水进入地面生态设施 [0, 3],S_{HW}≥50%[0, 3];合理径流控制规划,控制雨水外排总量,R_{FY}≥55%[0, 3]、R_{FY}≥70%[0, 3];科学利用雨水进行景观水体设计 [0,7];采取有效措施避免管网漏损 [0,7];给水系统无超压出流 [0, 8],设置用水计量装置 [0, 6];节水绿化灌溉 [0, 10];空调设备采用节水冷却技术 [0, 10];其他用水采用节水措施 [0, 5];合理使用非传统水源 [0, 15]
	被动节能措施利用率 R_{36}	[0, 34]	对于设置玻璃幕墙且不设外窗的,R_{go}≤5%[0,4]、R_{go}≥10%[0,2],对于设外窗且不设幕墙的、R_{wo}≥30%[0, 4]、R_{wo}≥35%[0, 2];围护结构优化效果使得 R_{lc}≤5%[0, 5]、R_{lc}≤10%[0, 5];优化建筑空间布局,改善自然通风效果,60%≤R_R<65%[0, 6]、65%≤R_R<70%[0, 1]、70%≤R_R<75%[0, 1]、75%≤R_R<80%[0, 1]、80%≤R_R<85%[0,1]、85%≤R_R<90%[0,1]、90%≤R_R<95%[0, 1]、R_R≥95%[0, 1];自然光利用率高 [0, 5]
	主动节能措施利用率 R_{37}	[0, 51]	供暖空调系统冷热源机组能效优于国标能效定值要求 [0, 6],空调冷热水循环水泵耗电输冷(热)比低于国标标准值20%[0, 6];5%≤D_e<10%[0, 3]、10%≤D_e<15%[0, 4]、D_e≥15%[0, 10];采用分区降低能耗措施,分朝向等分区控制 [0, 3]、合理台数及容量等 [0, 3];水/风系统变频技术 [0, 3];排风能量回收系统合理可靠 [0, 3];合理采用蓄热蓄冷系统 [0, 3];合理利用余热废热 [0, 4];合理利用可再生能源 [0, 10]
	材料的合理使用度 R_{38}	[0, 31]	对加固方案及新增构件的优化设计 [0, 5];土建装修一体化设计 [0, 10];使用可重复隔断(墙),30%≤R_{rp}<50%[0, 3]、50%≤R_{rp}<80%[0,1]、R_{rp}≥80%[0,1];厨卫等采用整体性设计 [0, 6];采用耐久性好易维护的装饰装修建材 [0, 5]

注:表中 L_{EW} 为场地出入口到公共汽车站的步行距离;L_{SW} 为场地出入口到轨道交通站的步行距离;L_W 为场地出入口的步行距离;R_{ru} 为既有结构的利用率;R_{rc} 为既有材料的利用率;R_g 为绿地率;S_{GW} 为有蓄水功能的绿地及水体总面积占绿地面积的比例;S_{HW} 为硬质铺装地面中的透水铺装面积的比例;R_{FY} 为场地年径流总量控制率;R_{go} 为玻璃幕墙透明部分可开启面积比例;R_{wo} 为外窗可开启面积比例;R_{lc} 为供暖空调全年计算负荷降低幅度;R_R 为过渡季典型工况下主要功能房间自然通风面积占总建筑面积的比例;D_e 为供暖、通风和空调系统能耗降低幅度;R_{rp} 为可重复使用隔断(墙)的比例。

6.6 旧工业建筑绿色再生评价模型

6.6.1 BP 神经网络模型结构

对于 BP 神经网络，网络精度会随着层数增加而提高、误差降低，但网络的复杂程度及训练时间亦随之增长，论文选用含有三个中间层的五层 BP 神经网络模型，利用 LM-BP 算法建模。

基于 LM-BP 神经网络旧工业建筑绿色再生项目评价模型建立时，将各个阶段影响指标分别作为各阶段输入层的输入向量，而将项目的评价结果作为输出层输出向量，建立一个多输入→多隐含神经元→单输出的 BP 神经网络模式选择模型。未获取足够数量的高质量样本，课题组于 2015 年 10 月和 2016 年 7 月邀请北京、上海、西安等地包括上海某建筑设计绿色咨询有限公司、西安某能控中心等 12 名从事绿色建筑评价工作的专家进行了两次补充调研，调研前对专家进行了旧工业建筑历史价值、再生现状的介绍和培训，并参照表 6.33 ～表 6.36 中各特征因素的量化标准对各调研项目予以指标评分和等级评价，共获取调研问卷 240 份，筛除无效问卷（存在数据不全、数据错误等问题），四个阶段分别整理出 134、136、105、136 份学习样本对网络进行充分训练，使选择模型满足规定的误差要求，样本数据如图 6.13 ～图 6.16 所示。其中，评价等级的确定依据主要在专家讨论的基础上，结合首次调研的结果和《绿色建筑评价标准》的执行情况，根据建筑能耗、建筑观感、建筑舒适度三个指标确定（指标量化方法见张扬博士论文《绿色再生旧工业建筑评价理论研究》），评价时淘汰了专家争议较大的项目。在评估模型具备了专家的经验和知识的基础上，科学准确地评价待评项目，并为项目决策过程提供参考依据。

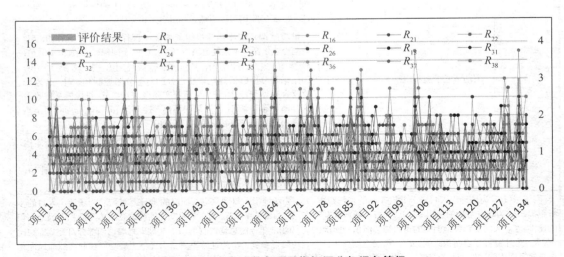

图 6.13　开发阶段各项目指标评分与绿色等级

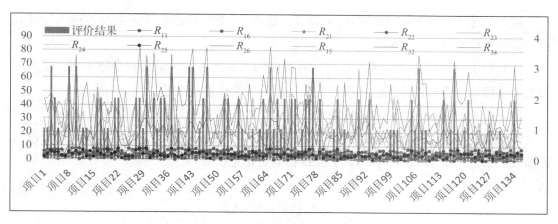

图 6.14　设计阶段各项目指标评分与绿色等级

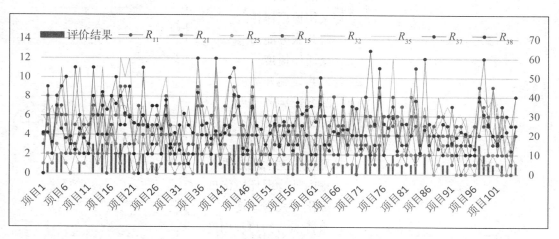

图 6.15　施工阶段各项目指标评分与绿色等级

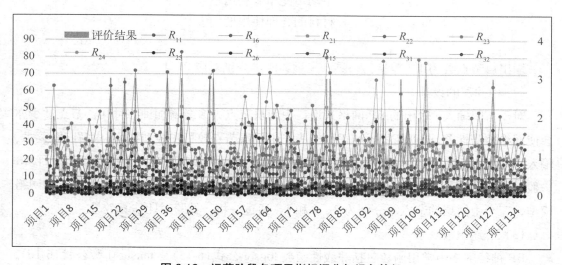

图 6.16　运营阶段各项目指标评分与绿色等级

模型的建立主要包括网络的结构设计（输入／中间／输出层及各层间传递函数等）、模型训练及检测分析三个阶段。

为对旧工业建筑绿色再生项目再生各阶段的方案比选及决策起到指导作用，模型需对四个阶段分别进行网络的结构设计，以开发阶段为例进行说明。

（1）输入层和输出层的设计模型

输入层的节点数取决于输入样本数据的特征向量（n 个输入变量即对应 n 个节点），即输入层节点为 17（式（6-14）），各特征值的量化见表 6.33。

$$R=\left[r_1, r_2, ..., r_{17}\right]^{\mathrm{T}}=\begin{bmatrix} 绿色技术投资增量 \\ 合理的开发模式 \\ 建筑外观简洁化设计 \\ 文化遗产保护 \\ 公共服务能力 \\ 交通便捷度 \\ 公共设施开放度 \\ 配套设施齐全度 \\ 无障碍设计 \\ 既有建材使用率 \\ 环境检测治理效果 \\ 室内外物理环境优度 \\ 绿化方式合理度 \\ 水资源节约与利用度 \\ 被动节能措施利用率 \\ 主动节能措施利用率 \\ 材料的合理使用度 \end{bmatrix} \qquad (6-14)$$

输出层节点数为 1，零星、一星、三星、四星分别对应 0、1、2、3。

（2）中间层的设计

对于有限输入／输出的 BP 网络来说，中间层节点太多会增加训练时间，节点过少亦会使网络容错性差，降低新样本的识别能力。中间层节点数目和模型结构、求解问题要求、输入／输出节点数目等具有直接关系。中间层节点数目并没有一个成熟的定理可以计算，一般按照经验进行选取，具体数目要在试验中反复试验。本模型选择含有中间层的网络模型，三个中间层的节点数分别为 2、4 和 1，通过分析、试验对比仿真效果。

（3）传递函数

BP 神经网络中常用函数包括非线性函数 logsig 公式(6-15)及 tansig 函数公式(6-16)。

$$f(u) = \frac{1}{1+e^{-u}} \qquad\qquad (6\text{-}15)$$

$$f(u) = \frac{1-e^{-u}}{1+e^{-u}} \qquad\qquad (6\text{-}16)$$

这两个函数的输出值被限制在（0，1）及（-1，1）的范围内，有时不能满足实际需要，所以也会用到纯线性函数 purelin 公式（6-17）。

$$y = x \qquad\qquad (6\text{-}17)$$

根据本研究的数据特性，输入层与中间层间的传递函数采用正切函数特性的 Sigmoid 函数（tansig），中间层间的传递函数使用对数特性的 Sigmoid 函数（logsig），中间层与输出层间的传递函数使用 purelin 函数，将输出限定为 0，1，2，3 四个值。

6.6.2　BP 模型训练

（1）训练方法

为加快收敛速度，首先利用 MATLAB 中的 mapminmax 函数对样本数据进行归一化处理。为了验证本模型在实际中的运行能力，从调研数据中随机选择 10 组样本进行测试，其他样本用以训练。应用 MATLAB 软件中 BP 神经网络工具箱来分析模型可行性与有效性，选定应用 LM-BP 算法及其相关函数进行网络训练。

本书对 BP 神经网络模型的训练及检测均是借助 MATLAB 软件神经网络工具箱及仿真编程得以实现。

（2）模型的训练

以开发阶段为例，研究将 135 组样本数据中的 125 组作为评估模型的训练样本，每组数据由 17 个输入数据和 1 个输出数据组成，应用 MATLAB 软件编写 BP 神经网络仿真程序（见附录 3），建立旧工业建筑绿色再生项目评价模型进行训练。主要训练参数设置及过程如下：

1）网络层数：不包括输入层即为四层，所以 BP 神经网络指令格式（2-7）中 N 的数值为 4；

2）中间层和输出层可分别选用 BP 网络常用函数 logsig、tansig、purelin 函数；

3）训练函数选用 LM-BP 算法修正神经网络的权值和阈值的 "trainlm" 函数；

4）输入样本数据进行训练时，为了保证模型高效的识别能力和容错能力，并能够在较短训练时间内达到预期误差目标值，必须要找出合理的隐含层节点数。本书通过参考经验公式，反复调试程序，最终本模型为节点数分别为 2、4、2 的三层中间层的模型，训练次数为 125 次，训练得到满意结果。至此，旧工业建筑绿色再生项目评价模型训练完成。其误差性能曲线见图 6.17。

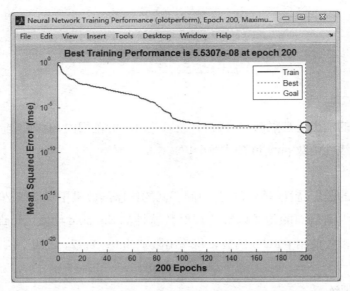

图 6.17　旧工业建筑绿色再生项目评价模型训练的误差性能曲线

6.6.3　检测分析

　　旧工业建筑绿色再生项目评价模型的检测是通过应用 135 组数据中剩余的 10 组数据输入模型之中，将输出结果与实际值进行比对以检验模型的有效性。训练数据为随机抽取，每阶段每次运行期准确率均在 80% 以上，满足误差上限要求。虽然网络输出和实际期望输出有一定的差异，但样本质量较好，差异较小。经分析，差异存在的主要原因包括：（1）模型的训练样本数量有限，导致模型训练精度相对有限；（2）样本来源为全国范围内旧工业建筑再生利用项目的调研数据，数据整理时未考虑不同地区气候、土壤特征等的影响，导致理论输出结果与实际存在一定合理差异。但是从模型的计算结果与实际对比来看，应用 BP 神经网络建立旧工业建筑绿色再生项目评价模式选择模型足以满足工程要求，计算结果精度较高。由于 BP 神经网络存在工程实践的可操作性问题，为了简化旧工业建筑绿色再生项目评价模型的使用，本书主要针对旧工业建筑绿色再生项目评价模型的软件实现进行研究。以前文建立的旧工业建筑绿色再生项目评价模型为基础，基于 .net 平台编制旧工业建筑绿色再生项目评价软件。

　　评价系统的功能设定以实现旧工业建筑绿色再生项目决策辅助功能以及评价两种功能为核心，同时为获取基准数据进行分析、建立旧工业建筑再生利用项目基础信息库，软件兼具旧工业建筑再生利用的存储、查询、分析及评价的功能。据此进行旧工业建筑绿色再生项目评价软件的功能设计，为旧工业建筑的绿色再生提供方法指导、为旧工业建筑再生利用项目的绿色评价提供可靠依据。

　　为了科学判断旧工业建筑再生项目是否属于旧工业建筑绿色再生项目，设置绿色等级评价模块进行评判。已投入运营建筑的绿色等级本来只需通过运营时的各个指标进行综合判断即可（开发阶段和设计阶段的各指标已转化为成果形式在运营阶段进行体现了，此次如对开发阶段、设计阶段、运营阶段依次评价的话则会导致重复评价的问题），但由于施工阶段的各个指标未能在运营阶段得到全面体现，为保证再生建筑全寿命周期的绿色性，与绿色建筑的中心思想相契合，进行绿色等价评价时应针对施工阶段、运营阶段两个阶段的指标体系依次进行评价，检验建筑投入使用后是否满足经济、社会、环境指标的要求，并取两个阶段最低的评价等级作为该项目绿色等级评价等级。具体算例见第7章。

第7章 旧工业建筑绿色再生实例

7.1 花园坊节能环保产业园的绿色更新

7.1.1 项目概况

　　上海花园坊节能环保产业园（以下简称花园坊），位于虹口区中山北一路121号，花园路127号，处于繁华商业圈。其前身为上海乾通汽车附件厂，在上海市实施"退二进三"功能布局的进程中，于20世纪初搬迁，留下建筑24栋，包括高层、多层、单层建筑总占地面积为3.23万 m^2，总建筑面积为5万 m^2。后经上海汽车资产经营有限公司和上海创意产业中心联合打造成上海花园坊节能环保产业园，成为立足上海，服务长三角地区的节能环保产业领域的合作桥梁与集成商务区。属集节能研发设计、建筑节能设计、节能文化传媒、节能咨询策划四大功能为一体的市级创意产业集聚区，再生利用前后对比图如图7.1所示。

图7.1　再生利用前后对比图

7.1.2 绿色设计方法与技术

　　园区内共有24栋建筑。按照美国LEED绿色建筑金奖、中国三星绿色建筑以及一般建筑三种标准进行了分类再生利用。设计人员通过咨询相关机构、借鉴已有节能建筑，历时 2 年时间完成了花园坊节能环保产业园的绿色再生利用方案。设计时,根据园区"L"形道路特点和功能需求将园区建筑共分为四块区域:A 区 7 栋建筑为展示区;B 区 8 栋建筑为实践区;C 区 2 栋建筑为设备区;D 区 4 栋建筑为功能辅助区。根据美国 LEED 节能金级标准及目前国内外先进的技术、材料,在形体空间再生利用、围护结构更新、资源能源的利用等方面都采取了相应的节能措施。

（1）外墙保温

围护结构中的外围护结构能耗约占整个建筑使用能耗的 1/3,外墙和屋面保温是既有建筑再生利用的关键要点。B1 号、B2 号原有外墙均为 24mm 厚的砖墙,其传热系数大,不符合节能标准要求。再生利用设计依据既有建筑本身特点,拆除 B1 号外墙,保留框架结构,使用小型空心混凝土砌块代替砌筑,这种做法既能够减轻既有结构的荷载,也能够起到一定的保温作用。新砌

图 7.2　EIFS 复合外墙保温系统

外墙采用复合墙体系统 EIFS,如图 7.2 所示,能够明显降低 K 值,消除冷热桥的影响,防止内外墙结露,维持室内气候平衡,提高人体舒适度,降低空调能耗。而 B2 号具有中式传统坡屋顶建筑风格,设计针对其采取立面保护的策略,在每个房间均采用内保温的形式进行再生利用。

对 B1 号、B2 号的各个立面而言,为了达到节约材料的目的,根据 EQUEST 模拟实验,其保温层厚度也不是完全相同,东南、西南 XPS 板厚为 40mm 厚,东北、西北为 50mm 厚（表 7.1）。这种再生利用方式的内、外墙体保温能使 B1 号、B2 号建筑全年能耗费用分别节约 2%、4.76%（表 7.2）[55]。

墙体内、外保温做法　　表 7.1

朝向	原外墙		再生利用后外墙	
	结构	传热系数（W/(m²·K)）	结构	传热系数（W/(m²·K)）
东南、西南	240 厚砖墙	2.6	240 厚砖墙 +40 厚 XPS 板	0.619
东北、西北	240 厚砖墙	2.6	240 厚砖墙 +50 厚 XPS 板	0.517

墙体保温对能耗的影响　　表 7.2

费用（元）	楼号	再生前	再生后	节能率	楼号	再生前	再生后	节能率
电	B1 号	270780	268955	0.67%	B2 号	199284	193978	2.7%
气		105451	99745	5.41%		112284	102762	8.5%
总计		376231	368700	2.00%		311568	296740	4.76%

（2）屋顶绿化

B1 号屋顶为平屋顶，采用屋顶绿化（图 7.3、图 7.4）。屋面植物采用需水量较少的植被，如佛甲草，能够吸附空气中大量的尘埃，吸收二氧化碳，能够有效地保温隔热（隔热保温 5 ~ 7℃），减少热胀冷缩对屋面结构的损坏，大大延长屋面尤其是防水层的使用寿命。屋顶草坪采用两种种植方式：再生利用后的屋顶上面直接种植的敞播式和将在模块中已种植好的植物搬迁至屋顶铺设的模块中。B2 号楼为坡屋顶，设有通风屋脊，有效降低室内温度。再生利用保留了原有设计特点，对已造成破坏的吊顶进行修缮，在吊顶上部铺设 100mmXPS 保温板，并更换两侧的通风百叶窗，保持通风顺畅。

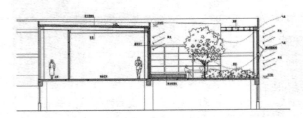

图 7.3　屋顶花园室内外剖面节点构造　　　　图 7.4　屋顶花园

（3）外窗保温

为达到外窗传热系数 K 值 ≤ 2.00W/（m²·K），B1 号楼采用断热铝合金双层中空 Low-E 玻璃窗。Low-E 玻璃窗能够阻挡太阳红外线辐射，减少室内得热，同时起到遮阳和隔热的效果。通过对窗框材料的再生利用和增加空气层间的宽度，最终达到外窗传热系数 K=1.80W/（m²·K）的良好效果，对整个建筑的节能有很大提高，外窗再生利用后的性能参数和对能耗的影响见表 7.3[55]。

B1 号外窗再生后的性能参数和对能耗的影响　　　　表 7.3

朝向	东北、西北	东南、西南	费用（元）	再生前	再生后	节能率
U(W/(m²·K))	2	3	电	268955	267164	0.67%
Sc	0.46	0.23	气	99745	95572	4.18%
VT	0.7	0.5	总结	368700	362736	1.62%

B2 号楼的再生利用方式为保护性再生利用，不能破坏外立面的原貌，再生利用时将每个外木窗的内侧增置双层 Low-E 玻璃内开木窗，新加的木窗框与原有外窗框仅外框部分相同，其余细部构造全部省去。在炎热的夏季，可以将外窗外开并固定一定角度，蒸腾作用下形成通风，降低内窗受到的外部温度的影响，起到隔热作用。外窗再生利用后的性能参数和对能耗的影响见表 7.4。

B2 号外窗再生后的性能参数和对能耗的影响　　　　表 7.4

朝向	东北、西北	东南、西南	费用（元）	再生前	再生后	节能率
U（W/（m²·K））	1.53	1.53	电	193978	185013	4.62%
Sc	0.20	0.20	气	102762	89208	13.19%
VT	0.4	0.4	总结	296740	274221	7.59%

（4）采光节能技术

B1 号、B2 号建筑在对基准建筑照明功率密度参照的基础上，结合节能照明先进的技术经验，对照明密度进行调整，采用高效节能荧光灯，平均照明功率密度为 7W/m²，从而降低建筑能耗的影响（表 7.5）。

照明功率密度对建筑能耗的影响　　　　表 7.5

费用（元）	楼号	再生前	再生后	节能率	楼号	再生前	再生后	节能率
电		265087	217891	17.80%		185013	145700	21.25%
气	B1 号	95572	103478	-8.27%	B2 号	89208	88060	1.28%
总计		360659	321369	10.89%		274221	233760	14.75%

为了进一步降低照明对既有建筑能耗的影响，根据自然光进入室内的强度来控制靠近窗户的灯具的照度，在适当的位置添加了日光感应器，节能率详见表 7.6。

照明控制对建筑能耗的影响　　　　表 7.6

费用（元）	楼号	再生前	再生后	节能率	楼号	再生前	再生后	节能率
电		217891	210934	3.19%		145700	144029	1.15%
气	B1 号	103478	104040	-0.54%	B2 号	88060	74611	15.3%
总计		321369	314974	1.99%		233760	218640	6.47%

（5）太阳能利用

园区再生利用过程中使用了独立光伏系统和并网光伏系统。

独立光伏系统：根据整个园区的照明设计和预期达到的照明效果，在 A1 号屋顶设置太阳能路灯，使用节能高效的新型光源，采用控制装置，使各组成部件自动进行开关、保护、协调工作。同时考虑上海的气候特点，设定路灯在持续阴雨天气的工作能力及损耗等，做到太阳能蓄电不足时常规用电能及时补充。

并网光伏系统：A1 号楼建筑立面和屋顶都铺设了太阳能光伏电板（图 7.5），以供 A1 号、A2 号的公共空间使用。另在园区内设置智能光伏一体化车棚（图 7.6），以供新型能源车的停放与充能。光伏建筑一体化可有效利用围护结构表面，不需要占用土地，同时还能起到保温隔热和遮阳等多重作用。

图 7.5　太阳能光伏电板　　　　图 7.6　智能光伏一体化车棚

（6）风能的利用

园区在 A1 号楼的屋顶安置一个小型风力发电机，供屋顶部分灯光用，起到风力发电的示范作用。整个园区采用两种通风模式：风压和热压相结合的自然通风系统和机械辅助通风系统。风压和热压相结合的自然通风系统设置在 A3 号和 A4 号，A4 号和 A5 号单体建筑之间有三个洞口，洞口开设为一层停车库提供了采光和通风，属于半开放式空间，减少了原有室内设车库的加压送风、机械排烟所需要的设备费用及电能。A3 号、A4 号、A5 号原为制造车间，层高在 12 ~ 18m 之间，上部设有传统模式的气窗。再生利用时，拆除原有的单层玻璃钢窗，更换为新型铝合金双层中空玻璃窗，并在此基础上增设机械装置，能够自动按使用需求开启和关系，提供新鲜、洁净的自然气流。

7.1.3　综合评价及效益评估

开发企业在对园区再生利用的过程中始终秉持节能环保理念，对旧厂房进行分类，并制定相应的节能建筑再造标准。其中 2 幢建筑采用国际上认同的美国 LEED 绿色建筑认证标准，5 幢建筑采用国家 3A 绿色建筑认证标准和国家节能建筑强制标准认证，其余的建筑采用企业技术与产品嵌入式再生利用模式。在再生利用过程中广泛采用无水小便斗、窗体遮阳、开窗面积控制、门窗断桥隔热铝合金型材、中空 Low-E 玻璃、两层透气型木窗等节能环保科技手段达到建筑节能。

园区设置了包括雨水回收系统、太阳能集中热水供应、地源热泵系统在内的特色节能系统，见图 7.7 ~ 图 7.10。

设计人员通过咨询相关机构、借鉴已有节能建筑，历时 2 年时间完成了花园坊节能环保产业园的绿色再生利用方案。再生利用过程中采用的主要技术如表 7.7 所示。

图 7.7　节能展示馆

图 7.8　自渗停车位

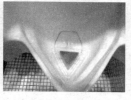
图 7.9　无水小便器

图 7.10　室外排水孔

花园坊节能环保产业园绿色再生利用技术一览表　　　　表 7.7

序号	名称		内容	效果
1	太阳能热水系统		含一个面向太阳的太阳能收集器，利用此收集器直接加热水，或加热不停流动的"工作液体"进而再加热水的装置	B1 号楼设置的太阳能热水系统集热面积达 43.04m²，日产热水量达 6t，可以满足整个园区的生活用水需求
2	地源热泵技术		在 B1 号楼、B2 号楼应用地源热泵技术，利用地下浅层的地热资源进行供热及制冷。其末端装置为分体式水环热泵机组	B1 号楼、B2 号楼电力消耗夏季为 17.2kW，冬季为 8.6kW，年节煤量达 390t
3	风能	自然通风	利用原工业厂房的高大空间，开发成为室内自然通风车库	提高室内停车库空间利用率，间接减少汽车空调使用耗能；有效提高室内舒适度，同时降低空调等能耗
		机械辅助通风	设一套完整的空气循环通道，辅以符合生态思想的空气处理手段，并借助一定的机械方式加速室内通风	
4	屋顶绿化		以建筑物、构筑物顶部为载体，以植物为主体进行配置，不与自然土壤接壤的绿化方式。B1 号楼（平屋顶）采用佛甲草等需水量少的植株作为植被。采用直接种植和模块式（在模块中培养植株后，将模块搬移到屋面）两种方式开展屋面绿化	屋顶植被可以有效吸附空气中大量的浮尘及 CO_2，可达到 5～7℃的隔热保温效果。减少热胀冷缩对结构层的破坏，延长了屋面防水层的使用寿命。另外还有效增加园区绿化景观面积，增强整体美感
5	雨水回收系统		园区内设有专门的集水设备用来收集雨水及生活用水。雨水回收系统总集水面积为 10848m²	年平均集水量达 1.3 万 m³，用于消防、绿化及供部分楼内冲厕使用
6	照明控制		B1 号楼、B2 号楼采用高效节能荧光灯，同时调整照明密度和照明功率为 7W/m² 以降低建筑能耗。并在适当位置添加日光感应器，根据自然光的变化调整灯光亮度。办公室内采用高效节能荧光灯	通过对照明功率及照明密度的调整，B1 号楼节能率达到 20.99%，B2 号楼节能率达到 22.40%
7	绿色节能材料		①闲置厂房的再利用；②节能材料的使用：采用外墙保温、屋面保温、窗体遮阳、开窗面积控制、门窗断桥隔热铝合金型材、中空 LOW-E 玻璃、两层透气型木窗等减少建筑能耗；③废料利用：B1 号楼拆除的黏土砖作为含水率较高场所（如卫生间导墙、垃圾站、设备间等）；B2 号木屋顶废弃的木梁砸碎后加工为会所的背景墙；直接将工业构件作为工业品使用	减少了建筑材料的使用量，同时减少了建筑垃圾的产生，间接减少建筑材料生产所造成的能源损耗及环境排放；节能材料的使用有效地降低了建筑能耗，减少了全寿命周期费用。废弃物再生利用的景观及雕塑以艺术品的形式传播产业结构的变迁和节能环保的思想理念
8	智能化管理系统		①门禁系统：单点控制、多点联网、集中管理的分体式、一体化管理模式；②监控系统：全园区 24h 监控系统覆盖，对消防、安全、跟踪、处理流程进行实时预防；③数字覆盖：改用移动、电信、网通、有线电视及无线网络等技术保证数字覆盖完整效果	智能化控制系统对建筑内部能耗进行实时监控，将建筑能耗控制在合理范围内；同时园区及楼宇采用智能化控制系统，通过智能化控制管理系统强制规范园区人员的节能行为，起到节能环保的作用

园区投资 1.7 亿元，再生利用单位成本约为 3400 元 /m²，通过节能环保产业与创意产业的有力结合，以战略性的理念和全新的视野，打造多功能、立体式、一体化的节能环保产业领域的综合服务和集成商务平台，营造服务型、市场化、国际性的节能环保产业的新高地。开发企业通过租赁承包的方式运营，租金为 3 元 /（m²·天），入租率维持在 95% ~ 100%。

通过与同使用条件下的普通建筑的能耗数据对比，再生利用后建筑年能耗较一般建筑减少约 35.5%。

7.1.4　再生模式评价

建筑再生模式的评价主要针对项目整体（建筑群）展开，本章 7.2 节、7.3 节均为建筑单体的介绍，略去再生模式评价。本章仅对本小节的案例进行再生模式评价。

通过对上海花园坊基本调研信息的提炼，应用旧工业建筑再生利用项目决策分析辅助计算软件分别对其再生利用模式进行理论预测和对已改建部分进行项目效果评价。

经过园区实地调研走访，根据花园坊实际的业态分布情况，计算得出该项目实际再生模式：5.8% 的区域作为展示，32.5% 的旧厂区作为综合商业区（商业服务），37.5% 的旧厂区作为办公使用，22.2% 的旧厂区作为创意产业开发（创意产业基地），2% 的区域用作其他。其中综合商业区多为政府所属企业，为园区的其他企业提供咨询交易等服务，办公用区多为发展良好的节能企业。与此同时，以对调研信息的分析并结合专家调研的二次信息反馈为基础，最终确定了影响花园坊再生利用模式选择的特征因素量化值为：

$$X=[x_1, x_2, \cdots, x_{17}]$$
$$=[32300, 50000, 3400, 0.2, 0, 0, 0.8, 0.75, 1, 1, 0, 1, 0, 1, 1, 1, 1]$$

将其输入到编写的 MATLAB 程序之中，得到该项目的理论再生模式：4.6% 的区域可作为展示，37.4% 的厂区旧工业建筑可作为综合商业区（商业服务），40.6% 区域可作为写字楼（办公）使用，14.6% 的厂区可发展创意产业，3.4% 的厂区可重新进行开发。

计算得到的理论再生模式与花园坊实际再生模式在组成上基本一致，但比例上存在有一定差异。分析差异原因主要有：(1) 输入信息中部分数据和实际情况存在一定误差；(2) 花园坊定位为节能环保产业园，所以再生时注重对节能环保相关信息的展示与产业的聚集；(3) 为提升社会效益、增强社会影响力，园区建设时采取尽量避免对建筑拆毁的处理方法，回避了推倒重建、重新开发的选项。

7.1.5　绿色等级评价

（1）环境效益

上海花园坊节能技术环保产业园作为一个中国能效项目示范点，是一个绿色节能的缩影，是一个相对集中的节能建筑群和节能产品展示和体验场所。通过对园区的示范性项目再生利用进行经验总结，希望园区的绿色节能再生利用方案能给国内 90% 以上的高耗能建筑提供参考借鉴，从而将节能技术、节能产品加以应用和推广。园区内的 18 栋建筑按照美国 LEED 绿色建筑金奖、中国三星绿色建筑以及一般建筑三种标准进行了分类再生利用。

（2）绿色等级评价

由于开发阶段及设计阶段的评价指标可以在运营阶段进行反应，所以在项目的等级评价时，可以不再对开发及设计阶段进行评价，项目的绿色等级评价仅需对施工阶段及运营阶段分别进行展开，并以两阶段中评价较低的等级作为最终的评价结果。

通过对项目基础信息的收集整理，利用第 6 章指标释义，得到施工阶段的评价指标量化值为：

$$X = [R_{11}, R_{21}, R_{25}, R_{15}, R_{32}, R_{35}, R_{37}, R_{38}]$$
$$= [9, 9, 4, 4, 12, 8, 12, 32]$$

输入第 6 章的 MATLAB 编程中（见附录 3），得到评价结果为三星级。

再对运营阶段各指标进行量化评分：

$$X = [R_{11}, R_{16}, R_{21}, R_{22}, R_{23}, R_{24}, R_{25}, R_{26}, R_{15}, R_{31}, R_{32}, R_{34}, R_{35}, R_{36}, R_{37}, R_{38}]$$
$$= [5, 8, 8, 5, 9, 2, 7, 0, 10, 5, 39, 8, 64, 22, 35, 27]$$

将量化值输入 MATLAB 编程，点击"RUN"，得到评价结果为三星级。

综合两阶段评分，花园坊节能环保产业园绿色等级应为三星级。

7.2　深圳南海意库 3 号厂房的绿色再生

7.2.1　项目概况

（1）项目基本情况

"三洋厂房片区"位于深圳市南山区蛇口太子路，由六栋四层工业厂房构成，原占地面积 44125m²，建筑面积 95816m²，容积率 2.17，为 6 栋工业建筑，框架结构，每栋标准层面积约为 4000m²。3 号厂房再生利用属于整个三洋厂区再生利用的示范性项目，也是启动的首个再生利用项目，并更名为蛇口南海意库 3 号楼（原为三洋 3 号厂房），期望它成为代表新世纪创意产业的科技园区。3 号厂房为框架结构的 4 层建筑，层高 4m，总建筑面积：约 16000m²，无地下室。南海意库 3 号楼再生利用总投资约 12000 万元，项目从 2005 年 3 月前期定位到 2008 年 6 月竣工交付使用，历时约 3 年[51]。

（2）区域气候

深圳的气候属于亚热带季风气候。气候总特征可概括为夏长冬短，夏季长达 6 个月，春秋冬三季气候温暖，降水丰富。建筑热工设计分区为夏热冬暖地区。年平均温度 22.4℃，最高气温 38.7℃，最低温度 2.4℃，极端低温 0.2℃（1957 年 2 月 11 日），无霜期为 355 d。1980 年以后的平均气温比 1980 年以前提高 0.7℃，增幅超过 1.0 ℃的月份是 1、10、11 月，4、5 月份气温变化较小，平均日较差为 7.1℃，平均日较差最大 12 月份，最小 6 月份。年平均相对湿度 79%，月平均最大相对湿度 81%，月平均最小相对湿度 71%。总体感觉湿热，昼夜温差不大，人体舒适感不高。年平均气压100 kPa，降雨量：年平均降雨量 1944mm，年最大降雨量 2534mm，最大日降雨量382.6 mm。基本风速 34.6m/s，年平均风速 1.8m/s，夏季平均风速 3.1 m/s，冬季平均风速 2.4m/s，基本风压值 0.75kN/m，主导风向为夏季东南风，冬季东北风。全年日照 2120h，有效利用太阳能的天数 250 d 以上。根据这一地域的气候环境特征，再生利用的策略重点是组织良好的自然通风，提高既有建筑的隔热性能，并解决其自然采光和遮阳的问题[52]。

（3）前期调研分析

通过以上对 3 号厂房所处的环境以及建筑特征的研究，对 3 号厂房绿色再生利用的优劣势条件分析如下。

1）优势条件

3 号厂房位于整个厂区的西北角，城市道路转弯处。再生利用的优势条件包括结构形式、立面现状和原有开窗。首先，原有建筑按标准厂房建造，结构形式为框架结构，基础采用柱下独立基础，建筑高 4 层，层高 4 m。建筑空间比较宽敞，层高较高。第二，外墙及结构有着稳定的立面再生利用条件。原有墙体材料为砖，结构材料为钢筋混凝土。墙体砖可以自由地拆换，整体建筑立面规整，采用带型窗，外饰面涂料

图 7.11　原 3 号厂房模型

为白色。第三，原有建筑南北立面上窗高 2.4 m，东、西立面采用高 0.9m 的高侧窗采光。立面上开窗面积充足，可以有效减少拆除旧墙体的工作量。为了更加直观地借助既有建筑的形态，我们还对原有建筑进行了立体还原，如图 7.11 所示。

2）劣势条件

既有建筑也存在着许多不利于再生利用的劣势条件。首先，原厂房的南北向进深达49.64m，进深过大不利于自然通风和采光。第二，平屋顶为非上人屋面，四角找坡排水，更新屋顶形象或加强屋顶隔热性能时需要考虑新的荷载问题。第三，既有厂房平面柱网尺寸为 6.6m×6.6m，东西向开间 106.15m，两套公共卫生间，分左右对称布置，共六部楼梯，其中四部为室外梯。柱网尺寸较密，每层面积较大，室外楼梯数量较多，这些都与灵活开场的创意办公空间要求有差距。第四，经计算，既有建筑的体形系数，即建筑物与室外大气直接接触的表面积与其所包围的体积的比值为 0.4，但通过模拟计算得出，条形建筑的体形系数最好不要超过 0.35，这样就会加大整个建筑的能耗，此项需要通过

再生利用进行修正。其他问题还包括，既有建筑采用钢窗框，比较容易形成热桥，对于建筑节能非常不利等。

（4）既定再生利用策略

1）再生利用理念

在设计中，充分考虑人作为建筑中的主体作用，创造出适合人生活、办公的场所，体现出健康环保的生活理念。对原有的建筑不进行大刀阔斧的改动，不改变原来建筑的结构形式。运用一些绿色的设计手法来营造出与环境和谐共生的建筑，同时又不缺乏个性，较好地体现出低碳理念。注重功能空间的合理划分，不仅要关注人与空间之间的交流，还要注重人与人之间以及人与自然之间的交流。营造出富有个性又亲近自然的空间形式。加强室内空间的自然通风与采光。并且充分考虑下一步室内空间设计的需要，在充分预留设备空间的前提下，创造舒适的室内空间。在人流的组织上，确保交通合理流畅。

2）再生利用策略

将 3 号厂房再生利用项目做成可再生能源利用及既有建筑再生利用项目。再生利用后总建筑面积将达到 24000m²，改造前后对比如图 7.12 所示。该再生利用项目的功能定位是创意产业园。创意产业是以创意为理念、为核心的总体经济活动，包括文化创意、工业创意、农业创意等内容。根据深圳提出的"文化立市"的新型发展战略以及深圳原有的工业制造加工业基础，文化创意及工业创意产业应被主要引入创意产业园。文化创意产业主要包括 9 个大类：文化艺术；新闻出版；广播、电视、电影；软件、网络及计算机服务；广告会展；艺术品交易；设计服务；旅游、休闲娱乐；其他辅助服务。通过再生利用将原来的工业厂房转变成办公楼，在此基础上利用绿色生态技术进行再生利用。综合考虑影响绿色再生利用的所有因素,使建筑达到"四节一环保"目地。这其中主要包括四大策略：室外环境、形体空间、围护结构以及资源能源。通过对这四个方面的再生利用来达到改善建筑的环境以及节能效果。对于建筑各个环节具体策略如表 7.8 所示。

图 7.12　厂房再生利用前后立面对比图

厂房再生利用目标   表7.8

类型	策略	目标
室外环境	环境整饬	改善室外微气候，增加土壤的保水能力
形体空间	建筑切薄	增加建筑的自然采光和通风，提高建筑的隔热性能
围护结构	界面缓冲	减少太阳辐射得热，提高隔热性能，减少主动能耗
资源能源	资源利用	尽可能多地利用可再生能源

7.2.2 绿色设计方法与技术

（1）外部环境优化

基于以上对建筑室外环境的分析，确立了对于室外环境的再生利用主要是对室外场地进行更新以及生态绿化进行配置。通过这些手段改善室外微气候，增加土壤的保水能力。通过对既有厂房建筑的绿色生态再生利用，以提高建筑舒适度，降低建筑能耗，减少环境污染为目标，旨在再生利用后成为现代化、信息化的高标准绿色生态办公楼。既有建筑前面的景观水池，其下面是停车库，在景观水池底设透明玻璃，给停车库作为自然采光之用。由于采光的玻璃容易积累水藻，遮蔽采光，管理人员需每周清洗，为减少水藻，在景观水池中大量养殖观赏鱼类和本地鱼类，以吃掉大量的水藻，使水池的水长时间清澈见底，保证了采光效果。另外，3号厂房前庭阶梯的退台设计大大增加了设计师的发挥空间，退台顶部覆土种植，既减少了能耗空间的大小，形成了良好的生态效果，又与北面的公园以及远处的南山形成了最好的呼应，在满足绿色生态需求的基础上做到了建筑空间内外无界限的相呼应处理（图7.13）。

图7.13 厂房前厅及阶梯退台

（2）形体空间再生利用

在形体空间的划分方面，在考虑功能需求以及环境气候因素的前提下，对建筑内部空间重新划分。利用加法的方式扩大建筑的体形，来减少建筑的体形系数。通过植入腔体的方法解决了建筑自然通风和采光的问题。

1）内部空间划分

建筑功能主要是中试研发，其空间特性主要偏向于办公空间的特点。主要有大型中试研发空间以及小型的办公空间，以及一些相应的配套功能，如会议室、门厅等。这种形式的空间特点是灵活，形式多样，不拘一格。在设计时应该打破空间的界限，使空间富有变化。3 号厂房再生利用时采取增层的设计。既有建筑层数是四层，为了满足使用需求，再生利用过程中将四层增加为五层。增层后，一层通过底层架空的方式将空间释放出来，主要是作为停车场以及设备用房，解决了室外停车位少的问题。底层架空也起到了促进建筑的自然通风以及除湿的作用，也利于室外风环境的改善。二层设置主入口，并在建筑北面设置景观前庭，成为整栋建筑的共享空间，提供办公空间的休憩空间，南面设置后庭。建筑南面二、三层之间增设夹层，分割后的上下两层作为资料室、图书室和休息室，丰富了室外活动空间，提供了自由的共享交流的场所（图 7.14）[53]。

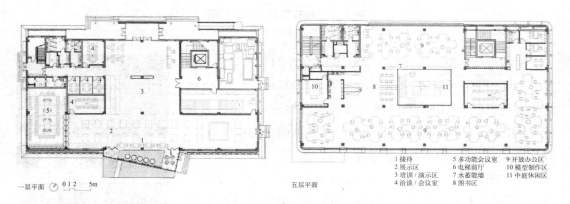

一层平面　0 1 2　5m

五层平面

1 接待　　　　　5 多功能会议室　9 开放办公区
2 展示区　　　　6 电梯前厅　　　10 模型制作区
3 培训/演示区　7 水蓄能墙　　　11 中庭休闲区
4 洽谈/会议室　8 图书区

图 7.14　一层平面与五层平面图

生态中庭是绿色再生利用中最常用的手法之一。3 号厂房再生利用中从二层到五层贯通再生利用成生态中庭，提高了室内采光效果，并增强了自然通风作用。中庭的设计丰富了建筑空间，增强了办公空间的人性化设计，如图 7.15 所示[53]。

图 7.15　生态中庭

2）自然通风设计

自然通风对于建筑竖向空间的再生利用，首先在建筑内部将各层之间打通。这样形成了一个中庭，如图 7.16 所示。并且在中庭顶部设置了热压拔风的通风口。这个生态中庭利用"烟囱效应"的原理使室内的空气产生流动。这个通风口可以作为室内外热交换的窗口，与室外进行热交换。这种形式的自然通风可以在过渡季节中实现室内的自然通风。

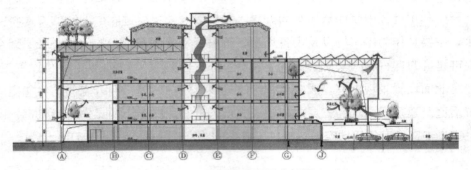

图 7.16　建筑自然通风分析图

深圳市全年空气温度低于 28℃ 的累计小时数占全年总时数的 60%，再生利用中采用 6 个截面为 3000mm × 3000mm 的屋面热压拔风烟囱；在过渡季节实现自然通风，以 4 月份（过渡季节）为例来分析被动式太阳能通风烟囱的通风效果，假设太阳能烟囱内的集热装置可以把 30% 左右的太阳辐射吸收并加热空气，并设置室外环境温度为 28℃，室内热负荷为 $50W/m^2$。太阳能拔风系统可以延长过渡期近两个月，按 15 ~ 20k $Wh/m^2 \cdot$ 月计算，每年可以节约电耗约 60 万 ~ 80 万 kWh，图 7.17 是利用计算机模拟技术完成的室内热压、温度、风速和空气龄效果分析图[54]。

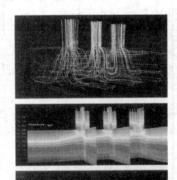

图 7.17　室内热压、温度、风速和空气龄效果分析图

3）采光设计

中庭顶部为玻璃采光天井且上面布满太阳能光伏电池板，使得顶棚具有良好的遮阳效果又有一定的透光率。就全大楼而言，累计可减少约 40kW 的照明用电功率。按照每天工作 10 小时计算，每天可以减少约 400kWh/ 天，按每年工作时间 250 天计算，每年可节约照明用电约 10 万 kWh，达到了理想的节能效果。见图 7.18。

（3）围护结构更新

对于围护结构的更新，主要考虑就是利用围护结构作为一个缓冲界面来达到隔绝室外热，尽可能减少建筑的主动得热，其中涉及三个部位——外墙、屋顶和外墙。

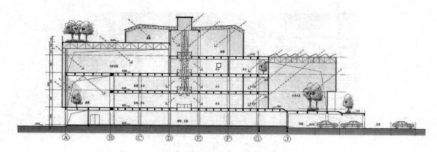

图 7.18　建筑自然采光分析图

1）外墙再生利用

建筑外墙再生利用的基本原则是加大外墙的隔热，通过建筑的外墙构造的改变来达到适应外部气候的变化，将室外热隔绝在建筑外部。3 号厂房原有的墙体为黏土砖墙，为减少拆除墙体产生废弃材料，也为节省新的加气混凝土砌块的使用，在绿色再生利用中通过设计的创意，尽量保留原有的墙体，对原有墙体增加外挂 ASA 板幕墙系统及遮阳设施（图 7.19），同时在原有内墙内侧砌筑 100mm 厚加气混凝土砌块，对外墙的传热系数满足《深圳公共建筑节能设计标准》的要求。实现良好的外墙保温效果。

图 7.19　挂板幕墙系统及遮阳设施

2）屋顶再生利用

在原有平顶屋面设置 40 厚聚苯挤塑隔热板，经计算传热系数为 0.82，有效地阻止室内外热量的交换，达到屋顶隔热的目的。在屋顶的中部设置了将近 600m² 太阳能光电板，太阳能光电板能吸收大部分太阳辐射，同时光电板与屋顶层之间形成一个空气间层，利用空气的流动不断带走空气间层中的热量[53]，也起到隔热的作用（见图 7.20）。

3）外窗再生利用

为达到外窗传热系数 K 值 ≤ 3.00W/（m²·K），3 号厂房再生利用采用双层中空 Low-E 玻璃窗。由于 Low-E 玻璃自身材料的特性，能将大部分太阳辐射热反射回去，起到了很好的隔热作用，且防火及刚性良好。利用 Low-E 玻璃窗之后，外窗的传热系数达到 K=1.80W/（m²·K），远低于深圳市规定的 3.00W/（m²·K）。

图 7.20　太阳能光电板

（4）资源能源利用

1）水资源的利用

再生利用过程中对排水系统做了新的设计，除将原有的卫生洁具更换为节水器具外，还采用了人工湿地、中水回用和屋面雨水收集。另外，针对种植墙面这一特殊绿化方式还采用了滴灌技术。

人工湿地和中水回用，是将各个厕所排水收集后排至化粪池，而一层厨房排水收集经过隔油处理后排至 1 号人工湿地，经过过滤、消毒后出水进入地下室水箱中，经变频给水装置加压供给各层冲厕所用水等。

屋面雨水回收可以将雨水收集后排入收集池，经过过滤、消毒处理后，回收到地下室集中水箱，经过给水装置加压后用于冲厕用水、浇灌绿色植物、道路冲洗等。

滴灌技术的采用主要是针对种植墙面而言的。水在空中运动，不打湿叶面，也没有有效湿润面积以外的土壤表面蒸发，故直接损耗与蒸发的水量最少、容易控制水量，比喷灌省水、省工。

2）太阳能的利用

在既有建筑中庭屋面布置 37.8kW 的太阳能光电板（图 7.21），由于辐射充足，再加上周边建筑高度相差不大，不会形成遮挡，在建筑的屋顶中间布置将近 600m² 太阳能光电板以及 500m² 光电薄膜，其电能用于地下车库照明、消防疏散楼梯间照明、卫生间排风扇动力、电动自行车充电等功能。采光中庭上的光电薄膜还能起到一定的遮阳效果，减少了太阳辐射对建筑室内的直射。

图 7.21　太阳能光伏发电系统

7.2.3　综合评价及效益评估

南海意库 3 号厂房再生利用项目是 2006 年全国 35 个节能示范项目之一，也是深圳唯一的既有建筑再生利用又有可再生能源的示范项目。深圳特区内有超过 500 万 m^2 的旧厂房，但随着深圳工业发展的快速转型和升级换代，这些旧厂房也面临着"厂房再生利用、产业置换"的问题，如何处理留下的厂房，已经成为一个现实和迫切的问题。拆除这些厂房将用地性质改变无疑可以为企业带来更为丰厚的经济利益，但有限的社会资源将在拆除与重建的双重消耗中不公正的再分配，同时也将造成巨大的浪费和产生大量的垃圾，破坏生态环境。南海意库 3 号厂房再生利用本着"适用、经济、美观"的原则，因地制宜，用比较经济的方法达到节能减排和绿色环保的目的，对将来的旧厂房再生利用提供了示范作用。

本项目再生利用获得国际住协的绿色建筑奖，是国内第一个获得国际住协绿色建筑奖的既有建筑再生利用类项目，建筑节能系数为 66%，在华南地区既有建筑再生利用项目中为最高。其所采用的温湿度独立控制空调系统在国际上处于领先的水平，能更好地满足舒适性要求，与常规空调相比，从理论上讲大约节能 30 % 以上。

（1）经济效益

按深圳地区甲级写字楼约 140 ～ 200kWh 的平均单位建筑能耗计算，本项目设计单位建筑能耗仅为 60kWh，相当于深圳地区甲级写字楼能耗的 1/3 左右，按 22000m^2 的空调面积计算，每年可以节电约 220 万 kWh。如果电费以 1.00 元 /kWh 计算，每年可以节约电费 220 万元。

（2）社会效益

深圳正处于快速发展和转型的过程中，城市的建设日益加快，对于旧城、旧建筑的更新和再生利用也在快速进行中。一些废弃的工业建筑在整个城市更新的过程中，尽可能保留原有工业建筑的优势，充分利用现有的资源，将其再生利用成一个适应社会发展以及节约社会资源的绿色建筑形式，不仅是从经济和环境的角度，也是对于整个建筑设计生态的一种观念性的改变。绿色再生利用的发现和发展是社会发展的必然趋势。通过对旧工业建筑的绿色再生利用，首先能改善建筑与环境的关系；其次，本项目作为低碳示范项目，其绿色再生利用模式必将成为整个深圳地区乃至全国的一个范例，必将引起社会的关注。同时，既有建筑的保留，同时也是对当地记忆的一种保留[53]。

7.2.4　绿色等级评价

（1）环境效益

每年可以节电约 220 万 kWh，折合每年可以节省标煤约 1000t，相当于每年可以节省燃煤 1400t，相当于每年可以节省重油 700t，相当于每年可以节省轻油 640t，相当于每年可以节省燃气 1170t，每年可以减排二氧化碳约 2660t（二氧化碳等废物减排如表 7.9 所示）。

年度废物减排量					表 7.9
减排量（kg）	煤	CO_2	SO_2	NO_x	粉尘
	328.02	2660	6.12	8.99	2.51

通过雨水收集和人工湿地等节水措施，节水率已经达到 50%，节水和中水回用等措施使每年节水约 8000m³。目前这是深圳市第一个人工湿地处理杂用水回用到厕所的项目，实现了生活污水零排放，中水全回用的目的，非传统水源利用率达到 60%，超过国家非传统水源利用率 30% 的最高标准。

在南海意库 3 号楼再生利用中，利用已有的变压器、高压开关盒和部分电力电缆共计约 300 万元，实现了再生利用建筑材料再利用和减排的南海意库通过有效节约建筑经济成本、改善室内空间的生态环境、提高空间舒适度，成为旧厂房再生利用项目的典范之作。

（2）运营阶段绿色评价

利用第 6 章 MATLAB 编制的程序对该项目运营阶段进行绿色评价。对项目概况进行分析，提炼出旧工业建筑绿色再生项目评价中运营阶段需要的指标，根据指标释义进行评分，得到南海意库三号厂房再生项目运营阶段评价特征因素量化值为：

$X=[R_{11}, R_{16}, R_{21}, R_{22}, R_{23}, R_{24}, R_{25}, R_{26}, R_{15}, R_{31}, R_{32}, R_{34}, R_{35}, R_{36}, R_{37}, R_{38}]$

$=[5, 8, 6, 3, 9, 2, 6, 0, 6, 5, 30, 5, 60, 15, 28, 29]$

将量化值依次输入 MATLAB 程序中，点击"RUN"，根据编程指示，MATLAB 主页面上显示出评价结果，评价结果为一星级，与使用观感基本一致，可以认为评价结果合理准确。

7.3 天津天友绿色设计中心的绿色更新

7.3.1 项目概况

（1）基本概况

天友绿色设计中心是一座由 5 层电子厂房再生利用成的局部 6 层办公建筑，位于天津市华苑新技术产业园区开华道 17 号，建筑面积约 5700m²，高度 24m。既有建筑围护结构无保温措施并且建筑进深大导致通风不畅，暖通空调系统为市政热网与局部分体空调相结合。经再生利用后为局部 6 层的办公建筑，1 层为绿色建筑展厅、会议室、图档室和能源机房等，2～5 层为办公区，6 层为加建的健身活动房、餐厅等[56]。再生利用前后对比如图 7.22 所示。

（2）既定再生利用策略

设计以"问题导向的技术集成"为原则，在技术选择上注重气候适宜性和创新实验性，

图 7.22　天友绿色设计中心再生利用前后对比图

在办公再生利用中注重人员使用的健康舒适性，在空间利用里注重绿色技术的艺术创意感。设计之初制定了超低能耗的绿色目标，即低成本再生利用为单位面积总能耗指标小于 45kW·h/m²·a 的绿色建筑。不同办公建筑有其自身特点和面临的问题，根据所面临的问题选择相应的绿色技术。一方面，面对自用再生利用的办公需求，节能技术要符合自身特点，如设计行业加班多、大量电脑设备作为热源以及对自然采光的需求等。另一方面，原多层厂房建筑体量简单、形象平庸，无保温措施，同时较小的体形系数和工业用地的峰谷电价也直接影响了绿色技术的选择。因此天友绿色设计中心办公楼采用被动节能优先、主动节能为辅的设计方针。低能耗运行主要得益于空调供暖系统设计、不同季节控制策略、部分时间部分空间控制模式优化、自然通风、吊扇及空调系统联合运行，以及行为节能，再生利用分析图见图 7.23。

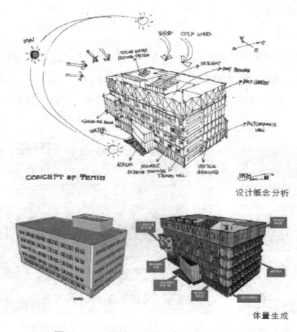

图 7.23　再生利用设计理念分析图

建筑形体生成在原有简单建筑形体上采用加法原则，将节能技术附加在建筑上，尽量减少结构的拆改。在屋顶加建轻质结构，在南侧增加共享中庭和采光边庭、增设特朗伯墙和活动外遮阳，在东西向种植分层拉丝垂直绿化，北向增设挡风墙，建筑形体的生成完全应对不同朝向的气候特点，同时外遮阳与保温围护体系、垂直绿化、钢格栅、聚碳酸酯等共同构成了超级节能的表皮系统。

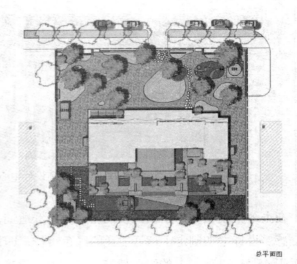

总平面图

图 7.24　建筑总平面图

天友绿色设计中心被动节能的核心是对寒冷气候有针对性地进行调节与控制。建筑在南侧加建了两个中庭，并将中庭设计为灵活调节的气候核。首层中庭作为缓冲层，三层中庭作为阳光室吸收太阳辐射。为改善玻璃中庭冬季过冷、夏季过热的现象，一方面选择具有超级保温性能的半透明聚碳酸酯材料（K=1.1W/（m^2·K））替代常规玻璃幕墙；另一方面在中庭内侧设置活动隔热墙，可以调节冬夏、日夜的不同负荷，使得中庭成为可调节的腔体空间，解决了天津气候中冬夏季太阳利用的矛盾[57]。建筑总平面图见图 7.24。

7.3.2　绿色设计方法与技术

（1）外部环境优化

建筑外部设计为透水地面（图 7.25），借助生态草坪、透水铺装、浅草沟等透水地面，形成低冲击开发模式，引导雨水直接下渗，减少城市内涝，同时对建筑外部环境进行优化，形成绿色景观。建筑外围设置池塘种植荷花，以供观赏（图 7.26）。

图 7.25　透水地面

图 7.26　荷花池塘

（2）形体空间再生利用

1）内部功能划分

建筑顶层设计时，根据剖面"天窗采光＋水墙蓄热"原理，将原有中庭和屋顶加建设计为南向倾斜天窗，代替原有的玻璃，以聚碳酸酯作为天窗材料，为下部的图书馆提供半透明的漫射光线。水墙采用艺术化的再生形式，以玻璃格中的水生植物提供热蓄水，还蕴含着绿色的植物景观。增设的南向中庭因此形成了生态气候核，综合起到采光、采暖、调节小气候的作用，见图7.27。因天友设计中心地处天津，冬季西北风对主入口的冷风影响较大，会增加大量的采暖能耗。通过简单地改变入口方向，西北向变成了实体的挡风墙，入口变为东向，减少冬季冷风渗透的能量损失。建筑入口见图7.28。

图 7.27　南向生态中庭　　　　　图 7.28　建筑入口

建筑室内利用可以调节的隔热墙，由麦秸板制作，环保节能且没有空气污染。它调节冬夏和日夜的不同气温负荷，如冬季的夜晚可关闭隔热墙，平时白天打开也能够使室内空间灵活变动，成为真正能够应对气候的气候核。

2）自然通风设计

建筑内部南北通透，大部分均为开放式办公，南北外窗均可开启。在过渡季节如初夏，开窗有较好的自然通风效果。另外，各层敞开办公区设置均布的慢速吊扇，可辅助降低体感温度，提供舒适的风环境。技术层面上，设计师借助流体计算机软件 PHOENCIS 进行室内自然通风的 CFD 模拟与优化，调整开创形式，促进通风。模拟图见图7.29。

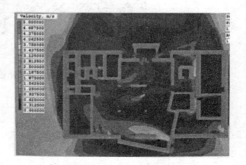

图 7.29　CFD 模拟图

3）采光设计

再生利用采光设计结合日轨，进行不同季节的室内自然采光模拟，对于窗户的尺寸、反光板的安置位置、遮阳系统进行集成优化。依据常年需要采光的工位布置在靠近外窗区域，会议面谈等辅助空间布置在自然采光较弱区域的工位布局原则，对室内布置进行了调整，达到更佳的采光效果。各层自然采光模拟图见表7.10。

天友绿色设计中心各层自然采光模拟图 表7.10

一层自然采光模拟	二层自然采光模拟	三四层自然采光模拟	五层自然采光模拟

可调节的外遮阳是被动式灵活应对天津气候、提供热舒适性和光舒适性的最佳手段。结合天津冬夏季对阳光的不同需求，采用可以完全控制的金属百叶活动外遮阳（图7.30），夏季能阻挡太阳辐射进入室内，可以减少空调能耗15%，冬季则可完全升起不阻挡太阳进入。同时，反光板（图7.31）的运用也能够创造舒适柔和的光环境。夏天高度角较高的光线可以被反光板直接阻挡，避免潜在的直接眩目；冬天高度角较低的光线通过反光板反射到天花板上提高远窗处的照度值，改善房间中自然光分布不足的状况。

图7.30　金属百叶活动外遮阳　　　　图7.31　反光板

（3）围护结构更新

1）墙体保温

办公楼外墙除了增设外墙保温层之外，还在建筑首层南侧利用旧黑色石材结合玻璃形成特朗伯墙（图 7.32），结构详图见图 7.33。特朗伯墙是由特朗伯发明的最具特色的被动式集热蓄热墙，利用墙体有效地吸收太阳光，并且通过不同模式下的百叶开闭控制，能够适应气候变化，智能地调节不同季节的建筑热需求。对应冬季白天、冬季夜间、夏季白天和夏季夜间的不同模式，充分被动式地利用太阳能。

 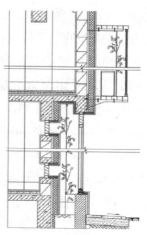

图 7.32　特朗伯墙　　　　　　图 7.33　特朗伯墙结构详图

2）屋顶绿化技术

在用地紧张的城市之中另辟蹊径，提供屋顶绿化，综合起到保温、景观、降低城市热岛效应的多重作用。建筑屋顶设计了华北地区最早的屋顶农业，利用蔬菜创造出生态型的绿色景观（图 7.34），以模块式草坪作为屋顶绿化的背景，为都市农业提供健康的生活。既有厂房屋面荷载并不宽裕，所以屋顶农业利用模块式种植盆系统，蔬菜种植采用轻基质辅以营养液滴灌系统，在屋面种植了 30 多种瓜果蔬菜。种植盆体系容易产生单调的效果，因此在设计中与农业专家以及景观专家一起根据蔬菜的生长特性来选择蔬菜的品种，利用蔬菜的丰富色彩构成了具有艺术性的构图。

图 7.34　屋顶农业模块式种植系统

3）外窗节能

首先通过合理的平面功能布局与窗墙面积比相结合来减少能源消耗，同时增大南向的外窗面积，使窗墙面积比达到 0.4，这样冬季可以充分吸收太阳光能和热能，减少供热负荷和照明负荷；北面的窗墙面积比再生利用为 0.2，实现在满足采光的前提下减少窗的面积，减少室内外的温差传热。

图 7.35　聚碳酸酯外窗幕墙

另外选择保温性能更强的新型材料也是一种节能措施。增建的中庭均采用聚碳酸酯（图 7.35）作为幕墙材质，传热系数 K 值为 $1.1W/(m^2 \cdot K)$，具有超强隔热性能，远远超过中空 Low-E 玻璃的保温性能。聚碳酸酯还具有轻质、高透、耐火、隔音的多重效果，再生利用期间使用幅长 20m 的聚碳酸酯材料无缝衔接，具有快速建造的特点。

天友绿色设计中心针对寒冷地区垂直绿化研发了艺术性分层拉丝垂直绿化系统（图 7.36），也是再生利用节能技术中的一大特色。在实现生态外遮阳的同时也成为建筑艺术的造型要素。分层拉丝使得每层绿化只需要生长约 3m，在春季可以迅速实现绿色景观效果。将分层拉丝扭转形成直纹曲面，是考虑冬夏季不同的建筑效果：夏季引导植物生长为一组组韵律化的曲面形式，冬季使拉丝模块自身在没有绿色植物时也能够成为与建筑一体化的立面要素。

图 7.36　分层拉丝垂直绿化系统

（4）资源能源利用

1）水资源的利用

水资源的再生利用主要集中在直饮水和生态用水。直饮水的回用经过五道程序加工（表 7.11），能够实现废水利用，使用方便，节水节材，具有较好的环保效益。另外对建筑内空调使用产生的新风冷凝水进行回收利用，可用作空调以及水池的补水。

<table>
<tr><td colspan="5" style="text-align:center">直饮水的五道处理工序</td><td style="text-align:right">表 7.11</td></tr>
</table>

Step1	Step2	Step3	Step4	Step5
前置沉淀滤芯	前置复合滤芯	前置沉淀精密滤芯	逆渗透薄膜滤芯	后置 ERS 双级符合滤芯

2）地源热泵的利用

常规的地源热泵集中空调大多选用高性能热泵主机。天友绿色设计中心则以达到全系统运行状态下的高能效比为原则，因而空调系统冷热源采用地源热泵与水蓄能相结合的方式。其热泵机组并非单一追求高性能，而是采用模块化高、低温 2 种热泵机组，以求根据季节变化合理调配，模块式地源热泵主机见图 7.37。热泵主机的 A 机组为低温热泵型，B 机组为高温热泵型，利用创新设计的 2 套热泵机组在夏季能分别制取高、低温水的特点，分别向地板辐射供冷末端和新风换热机组的换热器提供高温冷水和低温冷水，利用高温水降温，消除室内显热，从而提高主机的能效（COP 值）；同时用低温水除湿，消除空气中的潜热。

图 7.37　模块式地源热泵主机

7.3.3　综合评价及效益评估

绿色建筑的视野庞大而系统，从维护自然生态到减少全生命周期碳排放，从公共交通的便利到水资源的梯级利用，不一而足，但绿色建筑的核心是节能——降低能耗、提高能效、再生能源替代。建筑运营中实实在在的低能耗是绿色、生态、环保、低碳的基础。因此，天友绿色设计中心提出超低能耗办公楼的目标，这不是一个设计模拟值，而是在设计和实际运营中真正达到国际超低能耗楼的能耗水准。

经过核算：天友绿色设计中心再生利用总造价为 1720 万元，每平方米造价为 2988 元，其中绿色建筑增量造价仅为 188 万元，每平方米造价为 326 元（不含能耗监测系统成本），节约了 80% 以上的费用。天津绿色设计中心较之于普通办公建筑，每年减少碳排放约101.3t；每年节约用电约 42 万度，工业用电 1.2 元 / 度，年节约运行费用约 50.4 万元；每年节约用水约 380t，工业用水 7.85 元 /t，年节约运营费用 2983 元；按照绿建增量 188 万元计算,静态投资回收期为 3.7 年(不含碳排放减排带来的经济效益)。天友绿色设计中心再生利用项目的单方造价与绿色星级公共建筑单位成本造价对比如图 7.38 所示。

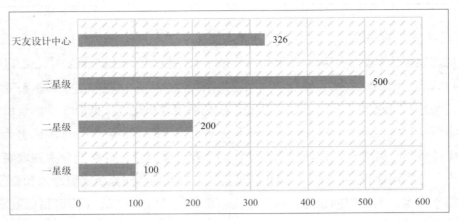

图 7.38 绿色星级公共建筑单位成本对比图

总体来看,该办公楼单位建筑面积能耗约为 47.5kWh/ $(m^2 \cdot a)$,扣除网络机房能耗 7.36 kWh/ $(m^2 \cdot a)$ 后为 40.14 kWh/ $(m^2 \cdot a)$,其中全年空调供暖与通风能耗约为 19.57 kWh/ $(m^2 \cdot a)$,显著低于同类建筑。

7.3.4 绿色等级评价

(1)环境效益

天友绿色设计中心单位建筑面积总能耗为 47.5kWh/ $(m^2 \cdot a)$(千瓦时每平方米每年),达到国际超低能耗建筑水平。比一般办公建筑(120 ~ 150 kWh/ $(m^2 \cdot a)$)节能 62%,比常规绿色办公建筑(80 ~ 90 kWh/ $(m^2 \cdot a)$)节能 42%。其中,空调采暖能耗接近于被动房的能耗标准。表 7.12 列出了天友绿色设计中心夏季、冬季、过渡季和全年的建筑物能耗。表中所列能耗数据为所有用电设备与用电设施全年以每天 24h 运行为基准统计的运行能耗,是根据向国家电力部门实际缴纳电费的单据换算得到的,是准确可靠的数据[58]。

天友绿色设计中心夏季、冬季、过渡季和全年的建筑物能耗   表 7.12

	建筑物能耗	
	单位面积能耗(kWh/ $(m^2 \cdot a)$)	单位面积电费(元/ $(m^2 \cdot a)$)
夏季	15.89	10.4
冬季	24.65	14.5
过渡季	6.97	5.3
全年合计	47.50	30.1

（2）绿色等级评价

项目的绿色等级评价仅需对施工阶段及运营阶段分别进行展开，并以两阶段中评价较低的等级作为最终的评价结果。

通过对项目基础信息的收集整理，利用第 6 章指标释义，得到施工阶段的评价指标量化值为：

$X = [R_{11}, R_{21}, R_{25}, R_{15}, R_{32}, R_{35}, R_{37}, R_{38}]$

　　$= [9, 9, 4, 5, 12, 8, 12, 3, 8]$

输入第 6 章的 MATLAB 编程中（见附录 3），得到评价结果为三星级。

再对运营阶段各指标进行量化评分：

$X = [R_{11}, R_{16}, R_{21}, R_{22}, R_{23}, R_{24}, R_{25}, R_{26}, R_{15}, R_{31}, R_{32}, R_{34}, R_{35}, R_{36}, R_{37}, R_{38}]$

　　$= [5, 8, 8, 5, 9, 2, 8, 0, 10, 5, 43, 8, 77, 25, 41, 29]$

将量化值输入 MATLAB 编程，点击"RUN"，得到评价结果为三星级。

综合两阶段评分，天友绿色设计中心绿色等级应为三星级。

参考文献

[1] http://www.stats.gov.cn/[EB/OL]. 中华人民共和国国家统计局官网，2015-12-3.

[2] 陈旭. 旧工业建筑群再生利用理论与实证研究 [D]. 西安：西安建筑科技大学，2011.

[3] 王永仪，魏清泉. 工业建筑文化传承与社会节约——旧工业厂房的改造与再利用 [J]. 规划师，2007.07（23）：11-13.

[4] 北京市推进污染扰民企业搬迁加快产业结构调整实施办法.

[5] 刘雯. 旧建筑再利用的生态意义 [J]. 安徽建筑，2003（3）：14-15.

[6] 张卫宁. 改造性再利用———一种再生产的开发方式 [J]. 城市发展研究，2002.2（9）：51-54.

[7] 王洪辉，朱晓明. 基于低碳生活引导的上海设计九鼎 URBN HOTEL 改造 [J]. 华中建筑，2011.03：36-41.

[8] 戴新颖. 我国煤炭碳排放影响因素分析及减排措施研究 [D]. 徐州：中国矿业大学，2015.

[9] 张川，宋凌，孙潇月. 2014 年度绿色建筑评价标识统计报告 [J]. 建设科技，2015（06）：20-23.

[10] 李慧民. 旧工业建筑的保护与利用 [M]. 北京：中国建筑工业出版社，2015.

[11] GB/T 50378—2006 绿色建筑评价标准 [S]. 北京：中国建筑工业出版社，2006.

[12] GB/T 50378—2014 绿色建筑评价标准 [S]. 北京：中国建筑工业出版社，2014.

[13] 庄简狄. 旧工业建筑再利用若干问题研究 [D]. 北京：清华大学，2004.

[14] 杜慰纯，任湘. 高校图书馆企业信息服务的可行性分析——基于 SWOT 分析法 [J]. 情报杂志，2010，6（29）.

[15] Yuan H.C, Xiong F.I, Huai X.Y. A method for estimating the number of hidden neurons in Feed-forward neural networks based on information entropy[J]. Computer and Electronics in Agriculture, 2003, 5(40)：57-64

[16] Kolehmainen M, Martikainen H, Ruuskanen J.Neural networks and periodic components used in air quality forecasting[J]. Atmos. Environ, 2001, 14（35）：815-825.

[17] Jose A Ulson, Ivan N Silva, Sergio H Benez, et al.Modeling and identification of fertility maps using artificial neural networks[J].IEEE, 2000,（8）：2673-2678.

[18] 田卫. 高速公路专项养护工程风险评估与安全管理研究 [D]. 西安：西安建筑科技大学，2011.

[19] 余亚奎. 深圳旧工业建筑绿色改造设计研究 [D]. 哈尔滨：哈尔滨工业大学，2013.

[20] 张婧红. 旧工业建筑室内空间改造设计研究 [D]. 昆明：西南林业大学，2013.

[21] 吴伟东. 寒地旧工业建筑围护结构节能改造技术探索 [J]. 中国房地产，2011，3：308-309.

[22] 西安建筑科技大学，等．房屋建筑学 [M]. 北京：中国建筑工业出版社，2006.

[23] 张恩宇．采暖地区既有居住建筑的节能改造 [D]. 昆明：昆明理工大学，2006.

[24] 黄亚伟．西安市城市雨水利用可行性与技术方案研究 [D]. 西安：西安建筑科技大学，2006.

[25] 丁衍然．废旧建筑材料再利用与建筑的拆解 [J]. 建筑结构，2016，46（9）：100-104.

[26] 阮鹏．建设工程绿色施工管理研究 [D]. 杭州：浙江大学，2015.

[27] 汪再军．BIM 技术在建筑运维管理中的应用 [J]. 建筑经济，2013，09：94-97.

[28] 绿色建筑论坛．绿色建筑评估 [M]. 北京：中国建筑工业出版社，2007.

[29] UK BREEAM, BREEAM98 for offices-an environmental assessment method for office building, Building Research Establishment（BRE），Garston，Walford，2000，http：//products. bre. co. uk.

[30] 美国绿色建筑委员会．LEED Green Building Rating System TM Version 2.0[M]. 北京：中国建筑工业出版社，2002.

[31] 胡云亮．大型公共建筑绿色度评价研究 [D]. 天津：天津大学，2008.

[32] 凌振亚．工业厂房绿色建筑评价体系研究 [D]. 北京：华北电力大学，2011.

[33] 吴清梅．大型公共建筑绿色评价研究 [D]. 重庆：重庆大学，2011.

[34] 建筑研究所．绿建筑解说与评估手册 [M]. 台北："内政部"建筑研究所，2009.

[35] 方东平，杨杰．香港台湾地区绿色建筑政策法规及评价体系 [J]. 建设科技，2011（6）：70-71.

[36] 闫瑞琦．旧工业建筑（群）再生利用项目评价体系研究 [D]. 西安：西安建筑科技大学，2012.

[37] S.Wright. Correlation and Causation[J].Journal of Agricultural Research，1921（20）：557-585.

[38] 李怀祖．管理研究方法论 [M]. 西安：西安交通大学出版社，2008.

[39] 吴明隆．结构方程模型 AMOS 的操作与应用（第 2 版）．重庆：重庆大学出版社，2010.

[40] 易丹辉，结构方程模型方法与应用 [M]. 北京：中国人民大学出版社，2008.

[41] 蔡文，杨春燕，何斌．可拓逻辑初步 [M]. 北京：科学出版社，2003.

[42] 蔡文，杨春燕，王光华．一门新的交叉学科——可拓学 [J]. 中国科学基金，2004（5）：268-272.

[43] 叶枫．工程项目管理 [M]. 北京：清华大学出版社，2009.

[44] 田卫．旧工业建筑（群）再生利用决策系统研究 [D]. 西安：西安建筑科技大学，2013.

[45] 谭文，王耀南．混沌系统的模糊神经网络控制理论与方法 [M]. 北京：科学出版社，2008.

[46] 周开利，康耀红．神经网络模型及其 MATLAB 仿真程序设计 [M]. 北京：清华大学出版社，2006.

[47] 吴伟东．严寒地区老工业厂房围护结构节能改造技术研究 [D]. 哈尔滨：哈尔滨工业大学，2007.

[48] 弗洛德·J. 福勒 著．蒋逸民，等译．调查问卷的设计与评估 [M]. 重庆：重庆大学出版社，2010.

[49] 成虎．工程项目管理 [M]. 北京：高等教育出版社，2004.

[50] 陈旭，闫文周．工程项目管理 [M]. 北京：化学工业出版社，2011.

[51] 林武生．2009 年度绿色建筑设计评价标识项目——南海意库 3 号楼再生利用项目 [J]. 建设科技，2010，06（5）：74-78.

[52] 杨姗．基于生态技术的旧厂房办公类改造策略研究 [D]. 北京：北京工业大学，2009.

[53]　梁扬.既有工业建筑民用化绿色改造设计策略研究 [D].合肥：合肥工业大学，2014.

[54]　林武生.宜将新绿付老枝——蛇口南海意库 3 号楼改造设计 [J].建筑学报，2010，1：20-25.

[55]　朱中原.旧工业建筑的节能再生利用——花园坊绿色建筑展示 [J].建筑技艺，2010，2：180-189.

[56]　刘彦辰.天友绿色设计中心的运行性能研究 [J].暖通空调，2015，45（4）：45-51.

[57]　任军.超低能耗的绿色创意办公楼——天友绿色设计中心 [J].建筑技艺，2015，12：36-40.

[58]　何青，陈鑫力.天友绿色设计中心超低能耗设计与运行研究 [J].暖通空调，2015，45（3）：9-15.

附录 1：中国典型旧工业建筑再生利用项目一览表

城市	项目编码	现名称	原名称	地址	始建时间	改建时间	建筑类型	结构类型	建筑面积
北京	BJCY001-C	北京798艺术区	北京华北无线电联合器材厂	北京市朝阳区酒仙桥路4号	1952	2002	单层厂房	砖混结构	23
	BJCY001-Y	今日美术馆	北京啤酒厂	北京市朝阳区百子湾路32号	1938	2002	多层厂房	砖混结构	0.4
	BJCY002-C	751北京时尚设计广场	正东电子动力集团	北京市朝阳区酒仙桥路4号	1950	2007	多层厂房、异形工业建筑	钢筋混凝土排架结构、砖混结构	5.1
	BJHD001-C	768创意产业园	北京大华无线电仪器厂	北京市海淀区学院路5号	1949	2009	单层厂房	砖混结构	6.87
	BJCY003-C	莱锦文化创意产业园	京棉集团二分公司	北京市朝阳区八里庄路附近	1954	2011	多层厂房	钢筋混凝土框架	11
	BJFT001-C	中国动漫游戏城	首钢第二通用机械厂	北京市丰台区吴家村路	1958	2011	单层厂房	排架结构、砖混结构	120
	BJXC001-C	新华1949国际创意设计产业园	北京新华印刷厂	北京市西城区车公庄大街4号	1949	2013	单层厂房	砖混结构	5.5
	BJHD001-S	双安商场	北京市手表二厂	北京市海淀区北三环西路38号	NA	1994	多层厂房	砖混结构	4.3
	BJCY001-Y	远洋艺术中心	北京新街纺织厂	北京市朝阳区东八里1号	1986	2001	多层厂房	钢筋混凝土结构	0.29
	BJCY002-Q	嘉铭桐城会所	北京首钢冶金机械厂	北京市朝阳区北苑路86号	1998	2002	单层厂房	钢筋混凝土结构	0.25
天津	TJHP001-C	6号院创意产业园	英国怡和洋行天津分行仓库	天津市天津市和平区台儿庄路6号	1921	2000	多层厂房	钢筋混凝土结构	1.07
	TJHB001-C	天津绿领慧谷创意产业园	天津纺织机械厂	天津市河北区万柳村大街56号	1946	2011	单层厂房	NA	9.3
	TJHB002-C	华津3526创意产业园	解放军3526工厂	天津市河北区水产前街28号	1938	2005	单层厂房、异形工业建筑	NA	2.9
	TJHQ001-C	天津意库创意产业园	天津外贸地毯厂	天津市红桥区湘潭道11号	1950s	2007	单层厂房、异形工业建筑	砖木结构、混凝土结构板块体系	2.5
	TJNK001-S	天津天友设计院	某多层电子厂房	天津华苑产业园开华道17号	1993	1998	多层厂房	钢筋混凝土框架结构	0.57

续表

城市	项目编码	现名称	原名称	地址	始建时间	改建时间	建筑类型	结构类型	建筑面积
上海	SHHP001-C	田子坊	上海食品工业机械厂等	上海市泰康路 210 弄	1930	1998	单层厂房、多层厂房	砖混结构	4.64
	SHZB001-C	四行仓库科技成果创意园	四行仓库	上海市闸北区光复路 1	1931	2012	多层厂房	钢筋混凝土框架	1.1
	SHHP001-C	8 号桥	上海汽车制动器公司	上海市黄浦区建国中路 10 号	1970	2004	多层厂房	砖混结构	1.2
	SHHK001-C	19 叁Ⅲ老场坊	上海工部局宰牲厂	上海市虹口区溧阳路 611 号	1933	2006	多层厂房	钢筋混凝土结构	2.95
	SHCN001-C	红坊	上十钢厂冷轧带钢厂	上海市长宁区淮海西路 570 号红坊 A101	1958	2007	多层厂房	钢筋混凝土排架结构	4.6
	SHPT001-C	M50 创意产业园	上海春明粗纺厂	上海市普陀区莫干山路 50	1937	2005	多层厂房	砖混结构	4.05
	SHXH001-G*	徐家汇公园	大中华橡胶厂	上海市徐汇区肇嘉浜路 889 号	1926	2000	异形工业建筑	NA	7.27
	SHPT002-G	梦清园	上海啤酒厂	上海市普陀区宜昌路 66 号	1912	2005	多层厂房	砖混结构	0.32
	SHHP003-Y	上海世博会城市未来馆	上海南市发电厂	上海市黄浦区花园港路 200 号	1985	2009	多层厂房、异形工业建筑	排架结构	3.27
	SHHK002-C*	上海市花园坊节能环保产业园	上海乾通汽车附件厂	上海市中山一路 121 号	1954	2009	多层厂房、异形工业建筑	钢筋混凝土结构	5
	SHCA001-C	上海 Z58 创意之光	上海市手表五厂	上海市长安区番禺路 58 号	1970s	2007	多层厂房	钢筋混凝土结构	0.4
	SHYS001-C	上海国际时尚中心	上海第十七棉纺织总厂	上海市杨树浦路 2866 号	1920	2010	单层厂房	砖混结构	12.8
	SHXH001-C	2577 创意大院	江南制造局	上海市徐汇区龙华路 2577 号	1865	2005	多层厂房	砖混结构	2
	SHXH002-C	SVA 越界	上海金星电视一厂	上海市徐汇区田林路 140 号	1980	2007	多层厂房	钢筋混凝土结构	13.8
	SHXH003-C	尚街 LOFT	上海三枪纺织厂	上海市徐汇区建国西路 283 号	1980	2007	多层厂房	钢筋混凝土结构	4
	SHHP002-C	老码头	上海油脂厂	上海市黄浦区中山南路 505 弄	NA	2008	多层厂房	砖混结构	2.5
	SHCN002-C	湖丝栈	湖丝栈	上海市万航渡路 1384 弄	1874	2006	多层厂房	砖木结构	0.7
南京	NJQH001-C	南京晨光 1865 科技创意产业园	金陵机器制造局	南京市秦淮区正学路 1 号	1865	2007	单层厂房	钢筋混凝土结构	10
	NJXW001-C	南京市创意中央科技文化园	华东农业机械厂筹备处	南京市玄武区中央路 302 号	1952	2009	多层厂房	砖混结构	4
	NJGL001-Y	南京白云亭文化艺术中心	南京白云亭副食品市场	南京市鼓楼区二板桥 486 号	1999	2014	多层厂房	钢筋混凝土结构	2.5
	NJXG001-C	红山创意园	南京工程机械厂	南京市下关区黄家圩 41-1 号	1952	2006	单层厂房	砖混结构	4.2

续表

城市	项目编码	现名称	原名称	地址	始建时间	改建时间	建筑类型	结构类型	建筑面积
杭州	HZGS001-C	唐尚 433 创意设计中心	杭州工艺编织厂	杭州市拱墅区余杭塘路 43-3 号	1955	2005	单层厂房	框架结构	0.4
	HZGS002-C	杭丝联 166 创意产业园	杭州丝绸印染联合会	杭州市拱墅区丽水路 166 号	1956	2008	单层厂房	大框架结构	2
	HZGS003-C	LOFT 49	杭州蓝孔雀化学纤维有限公司	杭州市拱墅区杭印路的 49 号	1958	2002	多层厂房	框架结构	2.1
	HZGS004-C	A8 艺术公社	八丈井工业园区	杭州市拱墅区八丈井西路 28 号	1992	2006	单层厂房	NA	2.66
	HZXC001-C	创新创业新天地	杭州重型机械有限公司	杭州市下城区北部东新街道	1999	2013	单层厂房	NA	115
合肥	HF001-Q	香樟 1958 会所	合肥化工机械厂	合肥市望江西路和东至路交口北边	1958	2006	单层厂房	排架结构	0.26
温州	WZLC001-C	Loft 7	温州冶金机械厂	温州市鹿城区学院路 7 号	1950	2007	多层厂房	框架结构	0.6
	WZLC002-C	东瓯智库创意产业园	温州黎明工业区	温州市鹿城区黎明工业区 67 号	1992	2011	多层厂房	钢筋混凝土结构	2
宁波	NBHS001-C	新芝 8 号	宁波方向机厂	宁波市海曙区新芝路 8 号	1950s	2008	单层厂房	排架结构	0.53
	NBJB001-Y	宁波美术馆	宁波轮船客运站	宁波市江北区人民路 122 号	1970s	2005	单层厂房	砖混结构	2.3
	NBJB002-C	创意 1956	宁波变压器厂	宁波市江北区庄桥宁慈东路 699 号	1956	2010	单层厂房	砖混结构	NA
武汉	WHDH001-C	光谷武汉留学生创业园	光谷武汉留学生创业园	武汉市东湖经济开发区光谷创业街	1998	2002	多层办公楼	砖混结构	4.3
	WHHY002-C	武汉硚口都市工业园区	武汉重型机械厂	武汉市汉阳泥湾大道	1960	2003	多层办公楼	砖混结构	10
	WHWC001-C	东湖国际小区	汉汉重型机械厂	武汉市武昌区兴国北路	1951	2007	单层厂房	砖混结构	0.63
	WHHY003-Y	汉阳 824 文化园区	汉阳造	武汉市汉阳区龟北路	1960	2009	单层厂房	砖混结构	4.2
	WHHY006-Y	张之洞博物馆	汉阳铁厂	武汉市汉阳区墨水湖路徐家大湾	1891	2012	多层厂房	砖混结构	0.14
长沙	CSFR001-Y	长沙南火车站广场	原粤汉题录猴子石段	长沙南火车站	1937	2007	异形工业建筑	NA	27.8
	CSYL003-C	裕湘纱厂	经华纱厂	长沙市岳麓区湘江中路	1912	2009	多层办公楼	NA	NA
	CSYL004-Y	长株潭两型社会展览馆	天伦造纸厂	长沙市河西石岭塘天	1948	2010	单层厂房	砖混结构	0.28
	CSYL001-Y	长沙水玻璃艺术工厂	长沙水玻璃厂	长沙市岳麓区	1971	2012	NA	NA	1.9

续表

城市	项目编码	现名称	原名称	地址	始建时间	改建时间	建筑类型	结构类型	建筑面积
郑州	ZZZY001-Q	郑州纺织工业遗址博物馆	郑州国棉厂	郑州市中原区	1954	2006	多层厂房	砖混结构	NA
深圳	SZNS001-C	南海意库	三洋厂房	深圳市南山区蛇口兴华路6号	1982	2005	多层厂房	框架结构	10
	SZNS002-C	华侨城创意产业园	华侨城工业区	深圳市南山区华侨城	1980s	2004	单层厂房	砖混结构、排架结构	20
	SZBA001-C	F518时尚创意产业园	宝安工业区	深圳市宝安区西乡街道宝源路1065号	1980s	2007	多层厂房	砖混结构	14
	SZFT001-C	田面设计之都创意产业园	田面工业区	深圳市福田区深南中路中心公园设计之都创意产业园6栋	1980s	2007	多层厂房	砖混结构	4.78
	SZLG001-C	南岭·中国丝绸文化产业创意园	广东省丝绸纺织厂	深圳市龙岗区南湾街道南岭社区南新路10号	NA	2009	多层厂房	砖混结构	4.2
	SZNS003-S	南山医疗器械产业园	南山医疗器械厂	深圳市南山区南海大道1019号南山医疗器械产业园A101	NA	2005	多层厂房	排架结构	6
	SZNS004-Y	深大3号艺栈	实验室	深圳市南山区南海大道3688号	NA	2003	多层厂房	砖混结构	0.3
中山	ZSSQ001-G	中山岐江公园	粤中造船厂	中山市石岐区中山一路与西堤路交叉口	1953	2001	多层厂房	框架结构、排架结构	0.3
珠海	ZHXZ001-B	珠海城市客栈	夏湾工业大厦	珠海市香洲区拱北桂花南路120号	NA	2009	多层厂房	砖混结构	NA
沈阳	SYTX001-Q	沈阳东北蓄电池股份有限公司	NA	沈阳市铁西区北二中路35-1号8门	1936	1994	多层厂房	钢结构	6.5
	SYTX002-Y	铸造博物馆	沈阳铸造厂	沈阳市铁西区卫工北街14号	1939	2007	单层厂房	钢结构	1.78
	SYTX003-Q	铁西区工人村生活馆	铁西工人宿舍楼	沈阳市铁西区赞工街2号	1950	2007	多层宿舍	砖混结构	2
大连	DLZS001-C	15库大连创意产业园	15库	大连市中山区港湾路	1929	2006	多层厂房	钢筋混凝土结构	2.6
	DLSHK001-C	大连Z28时尚硅谷	大连针织厂	大连市沙河口区振工街和连胜街交汇处	1949	2008	多层厂房	框架结构	4
	DLSHK001-Q	沙河口净水厂	台山净水厂	大连市沙河口口区五一路95号	1917	1999	多层厂房	钢筋混凝土结构	NA

续表

城市	项目编码	现名称	原名称	地址	始建时间	改建时间	建筑类型	结构类型	建筑面积
西安	XAXC001-Q	西安建筑科技大学华清学院	陕西钢铁厂	西安市新城区幸福南路109号	1965	2003	多层厂房	钢筋混凝土结构	NA
	XABQ001-Y	西安半坡国际艺术区	西北第一印染厂	西安市东郊纺织城纺西路238号	1953	2012	单层厂房	砖混结构	5
	XAWY001-S	大华·1935	大华纱厂	西安市太华南路251号	1935	2011	单层厂房	钢筋混凝土结构	8.7
	XAYT001-S	柴号仓库	西安某废旧库房	西安市雁翔路与南二环十字东南角	NA	2015	单层厂房	NA	0.15
成都	CDCH001-Y	成都工业文明博物馆	四川宏明无线电器材厂	成都市东郊建设南路1号	1953	2005	多层厂房	钢筋混凝土结构	0.87
	CDJI001-C	红星路35号	成都军区印刷厂	成都市锦江区红星路一段35号	1955	2007	多层厂房	钢筋混凝土结构	1.9
	CDCH002-Q	华润二十四城	402厂	成都市二环路东三段双成二路39号	1940	2005	单层厂房	钢筋混凝土结构	210
	CDCH003-C	成都东区音乐公园	成都红光电子管厂	成都市成华区建设南支路1号	1953	2009	多层厂房	钢筋混凝土结构	19
重庆	CQDD001-Y	重庆工业博物馆	重庆钢铁厂	重庆市大渡口区人和街15号	1940	2015	单层厂房，异形工业建筑	钢筋混凝土结构	11
	CQJI001-Y	重庆501艺术基地	501仓库	重庆市九龙坡区黄桷坪街126号	1950	2006	多层厂房	钢筋混凝土结构	1
	CQJI002-Y	坦克仓库艺术创作中心	坦克仓库	重庆市黄桷坪正街108号四川美术学院黄桷坪校区	NA	2005	单层厂房	砖混结构	1.2
苏州	SZWZ001-S	苏州市建筑设计研究院生态办公楼	法资企业美西南航空机械设备厂区	苏州市工业园区星海街9号	NA	2009	多层办公楼	钢筋混凝土结构	1.2
	SZCL001-S	苏纶场	苏州市苏纶纺织厂	苏州市沧浪区人民路239号	1895	2009	多层厂房	砖混结构	20
	SZCL002-Y	苏州市第一丝厂博物馆	苏州市第一丝厂	苏州市沧浪区南门路94号	1926	NA	多层厂房	砖混结构	3
	SZWZ001-C	创意泵站	原格兰富富水泵（苏州）厂	苏州市工业园区金鸡湖路171号	NA	2007	单层厂房	钢筋结构	2
	SZGX001-C	X2创意街区	苏州刺绣厂	苏州市高新区滨河路1388号	NA	2007	多层厂房	NA	2.7
	SZPI001-C	桃花坞文化创意产业园	苏州新光丝织厂	苏州市平江区桃花坞大街158号	1917	2007	单层厂房	NA	3.6
	SZGS001-C	989文化创意产业园	苏州丝绸进出口公司仓库	苏州市沧浪区南门路103号	NA	2008	单层厂房	砖混结构	NA
	SZCL001-C	江南文化创意设计产业园	江南无线电厂	苏州市沧浪区胥江路426号	1956	2006	单层厂房	钢筋混凝土结构	2

续表

城市	项目编码	现名称	原名称	地址	始建时间	改建时间	建筑类型	结构类型	建筑面积
苏州	SZGS001-S	姑苏69阁	苏州二叶制药有限公司	苏州市姑苏区盘胥路859号	1946	2014	单层厂房	砖混结构	3.4
	SZGS002-C	双桥868创意文化产业园	NA	苏州市姑苏区西环路868号	NA	2011	多层厂房	钢筋混凝土结构	2
	SZGS003-C	时尚文化创意园	苏州优耐特机械制造有限公司	苏州市姑苏区人民南路48号	NA	2011	单层厂房	钢筋混凝土结构	0.9
广州	GZLW001-S	信义国际会馆	广东利水电厂	广州市荔湾区芳村大道下市直街1号	1850	2013	多层厂房	砖混结构	1.3
	GZHZ001-C	TIT创意产业园	广州纺织机械厂	广州市海珠区客村地铁A出口	1956	2008	单层厂房	砖混结构	9.34
	GZHZ001-S	太古仓码头	NA	广州市海珠区革新路124号	1908	2003	NA	砖木结构	5.2
	GZBY001-S	中海联·8立方	万宝冷机厂	广州市白云区联和路鹤正街1号	NA	2000	多层厂房	砖混结构	6.8
	GZHZ002-C	东方红创意园	东方红印刷公司区	广州市海珠区工业大道中313号	1968	2009	单层厂房	砖混结构	0.3
	GZBY002-S	海航YH城	正泰玩具厂	广州市白云区嘉禾街道106国道	NA	2012	多层厂房	钢筋混凝土结构	6.4
	GZBY001-C	M3创意园	广州联边工业园区	广州市白云区嘉禾联边工业尖彭路2号	NA	2011	多层厂房	砖混结构	3
	GZBY002-C	白云区马务村国际单位创意园	广州长征皮鞋厂	广州市白云区黄园路33号	NA	2009	多层厂房	砖混结构	4.2
	GZBY003-C	海峡两岸（汇龙）信息产业科技园	广州镇达玩具厂	广州市白云区鹤龙路8号	1983	2015	多层厂房	钢筋混凝土	NA
	GZTH001-C	红专厂	鹰金钱豆豉鲮鱼罐头厂	广州市天河区员村四横路128号	1956	2009	单层厂房	砖混结构	NA
无锡	WXLX001-Y	北仓门生活艺术中心	蚕丝仓库	无锡市梁溪区人民中路118号	1921	2005	多层厂房	钢筋混凝土结构	1.3
	WXNC001-C	N1955文化创意园	压缩机厂	无锡市南长区南下塘213号	1955	2008	单层厂房	砖混结构	3
	WXBT001-Y	纸业公所	纸业工会	无锡市北塘区江尖96号	1922	2003	多层厂房	砖木结构	NA
	WXNC001-Y	无锡民族工商业博物馆	无锡茂新面粉厂	无锡市南长区振新路415号	1900	2007	多层厂房	钢筋混凝土结构	0.73
	WXNC002-Y	中国丝业博物馆	无锡永泰丝绸厂	无锡市南长区南长街364号	1896	2009	多层厂房	砖混结构	0.57
	WXBH001-C	华莱坞电影产业园	雪浪钢铁厂	无锡市滨湖区蠡湖大道2009号	1988	2009	单层厂房	钢钢筋混凝土结构	3.4

注：1. 编码结构为XXYYnnn-Z，其中，XX代表城市名，取城市名称拼音首字母，例如SH代表上海，YY为区县名，LW代表卢湾区，nnn为编号，按照项目在本市改造时间顺序依次排序；Z代表改造后功能模式，C-创意园区，Y-艺术展览，G-公园绿地，B-宾馆酒店，S-商业办公综合，Q-其他。标有"*"的项目编码代表获得绿色建筑相关认证的再生项目。

2. 表中建筑面积的单位为万m²。

3. "NA"代表数据未获得或该项目不涉及此项指标。

附录 2：旧工业建筑绿色再生模式选择部分程序

```
clear all;
X=[
```

0.94	0.82	0.09	0.90	0.00	0.10	0.00	0.90	0.55	0	1	0	0	0.50	0.25	0.25	0.25
0.55	0.45	0.51	0.60	0.00	0.20	0.20	0.70	0.36	1	1	0	0	0.70	0.60	0.60	0.60
0.24	0.19	0.78	0.55	0.00	0.45	0.00	0.60	0.19	1	0	1	0	0.80	0.90	0.80	0.85
0.48	0.35	0.62	0.28	0.00	0.72	0.00	0.60	0.34	1	1	1	0	0.70	0.70	0.65	0.65
0.65	0.53	0.41	0.60	0.00	0.15	0.25	0.80	0.41	1	1	0	0	0.60	0.60	0.50	0.50
0.45	0.33	0.65	0.32	0.00	0.68	0.00	0.65	0.32	1	1	1	0	0.75	0.70	0.70	0.70
0.64	0.57	0.37	0.70	0.00	0.30	0.00	0.75	0.43	0	1	1	0	0.60	0.60	0.50	0.50
0.73	0.65	0.31	0.80	0.00	0.20	0.00	0.80	0.49	0	1	1	0	0.60	0.50	0.50	0.50
0.85	0.73	0.26	0.82	0.00	0.18	0.00	0.50	0.51	0	0	1	1	0.50	0.40	0.40	0.50
0.31	0.24	0.74	0.58	0.00	0.42	0.00	0.65	0.21	1	0	1	0	0.80	0.75	0.75	0.80
0.89	0.74	0.20	0.00	0.85	0.15	0.00	0.30	0.54	0	0	1	1	0.40	0.40	0.40	0.40
0.44	0.32	0.67	0.35	0.00	0.65	0.00	0.70	0.31	1	1	1	0	0.75	0.75	0.70	0.70
0.93	0.75	0.15	0.00	0.90	0.10	0.00	0.25	0.55	0	0	1	1	0.40	0.40	0.30	0.30
0.15	0.08	0.89	0.40	0.00	0.60	0.00	0.55	0.13	1	0	1	0	0.90	0.90	0.85	0.80
0.15	0.09	0.86	0.35	0.00	0.55	0.00	0.55	0.15	1	0	1	0	0.90	0.85	0.80	0.85
1	1.00	0.00	1.00	0.00	0.00	0.00	0.90	0.60	0	1	0	0	0.25	0.25	0.25	0.25
0.32	0.27	0.71	0.63	0.00	0.37	0.00	0.65	0.24	1	0	1	0	0.75	0.75	0.75	0.75
0.39	0.34	0.68	0.68	0.00	0.32	0.00	0.75	0.29	1	0	1	0	0.75	0.75	0.70	0.70
0.21	0.12	0.82	0.49	0.00	0.51	0.00	0.60	0.16	1	0	1	0	0.85	0.90	0.85	0.80
0.11	0.05	0.92	0.35	0	0.65	0	0.5	0.12	1	0	1	0	1	0.9	0.9	0.8
0.35	0.31	0.70	0.65	0	0.35	0	0.7	0.27	1	0	1	0	0.7	0.7	0.7	0.7
0.37	0.27	0.71	0.4	0	0.6	0	0.75	0.25	1	1	1	0	0.8	0.75	0.75	0.75
0	0.00	1.00	0.25	0.00	0.75	0.00	0.50	0.10	1	0	1	0	0.90	1.00	0.90	0.85
0.36	0.31	0.68	0.66	0.00	0.34	0.00	0.70	0.27	1	0	1	0	0.75	0.70	0.70	0.75

••• •••

]';

Z=[

0	0.4	0	0	0	0	0.6	0
0.7	0.15	0	0	0	0.15	0	0
0.8	0.2	0	0	0	0	0	0
0.3	0.1	0	0	0	0	0	0.6
0.55	0.15	0	0	0	0.3	0	0
0.4	0.1	0	0	0	0	0	0.5
0.4	0.5	0	0	0.1	0	0	0
0.2	0.5	0	0	0.3	0	0	0
0	0.5	0.5	0	0	0	0	0
0.5	0.4	0	0.1	0	0	0	0
0	0.3	0.7	0	0	0	0	0
0.4	0.15	0	0	0	0	0	0.45
0	0.2	0.8	0	0	0	0	0
0.4	0.6	0	0	0	0	0	0
0.5	0.5	0	0	0	0	0	0
0	0.2	0	0	0	0	0.8	0
0.45	0.35	0	0.2	0	0	0	0
0.25	0.25	0	0.5	0	0	0	0
0.6	0.4	0	0	0	0	0	0
0.3	0.7	0	0	0	0	0	0
0.3	0.3	0	0.4	0	0	0	0
0.5	0.2	0	0	0	0	0	0.3
0.2	0.8	0	0	0	0	0	0

… …]';

```
net=newff (minmax (X), [24 1], {'tansig' 'logsig'}, 'traingdm', 'learngdm');
net.trainParam.goal=1e-6；
net.trainParam.epochs=30000；
net.trainParam.mc=0.90；
net.trainParam.lr=0.01；
net.trainParam.show=30；
net=train (net, X, Z);
```

附录3：旧工业建筑绿色评价部分程序

%% 开始
clc
clear
close all
warning off

%% EXCEL 信息
[Type Sheet Format]=xlsfinfo（'BP 评分数据处理 .xlsx'）；

 for i=1：length（Sheet）

   [data text]=xlsread（'BP 评分数据处理 .xlsx'，Sheet{i}）；
   DATA{i}=data；

   temp=text（2：end，end）；

   tex（find（strcmp（temp，'零星'）））=0；
   tex（find（strcmp（temp，'一星'）））=1；
   tex（find（strcmp（temp，'二星'）））=2；
   tex（find（strcmp（temp，'三星'）））=3；

   TEXT{i}=tex'；

   tex=[]；
 end

 %% BP

```
for i=1：length（Sheet）

input=DATA{i}；
output=TEXT{i}；

% 随机划分训练集测试集
k=rand（1，size（input，1））；
[m，n]=sort（k）；

input_train=input（n（1：end-10），：）';
output_train=output（n（1：end-10），：）';
input_test=input（n（end-9：end），：）';
output_test=output（n（end-9：end），：）';
%
% 输入输出数据归一化
[inputn，inputps]=mapminmax（input_train）；
[outputn，outputps]=mapminmax（output_train）；

%% BP 网络训练
%% 初始化网络结构

net=newff（minmax（inputn），[2，4，1]，{'logsig'，'tansig'，'purelin'}，'trainlm'）；
net.trainParam.epochs=200；
net.trainParam.goal=1e-20；
net.trainParam.mu=1e-20；
net.trainParam.max_fail=1000；

% 网络训练
net=train（net，inputn，outputn）；

%% BP 网络训练集
% 网络拟合输出
nh=sim（net，inputn）；
```

```
% 网络输出反归一化
BPnh=mapminmax ('reverse', nh, outputps);
BPnh=round (BPnh);


e=output_train-BPnh;


figure
plot (output_train, 'ro')
hold on
plot (BPnh, '*')
title ([Sheet{i} 'BP 神经网络分类训练结果'])
legend ('真实类别', '训练类别')
xlabel ('项目编号')
ylabel ('分类结果')
ylim ([0, 3])
set (gcf, 'Color', [1 1 1])
set (gca, 'YTick', 0: 1: 3)
set (gca, 'YTicklabel', {'零星', '一星', '二星', '三星'})


temp=find (e==0);


acc=length (temp) /length (BPnh) *100;
disp ([Sheet{i} '训练集分类准确率为: ' num2str (acc) '%'])


%% BP 网络测试集
% 预测数据归一化
inputn_test=mapminmax ('apply', input_test, inputps);


% 网络预测输出
an=sim (net, inputn_test);


% 网络输出反归一化
BPoutput=mapminmax ('reverse', an, outputps);
BPoutput=round (BPoutput);
```

```
e=output_test-BPoutput;

figure
plot (output_test, 'ro')
hold on
plot (BPoutput, 'kp')
title ([Sheet{i} 'BP 神经网络分类测试结果 '])
xlabel (' 项目编号 ')
ylabel (' 分类结果 ')
ylim ([0, 3])
legend (' 真实类别 ', ' 测试类别 ')
set (gcf, 'Color', [1 1 1])
set (gca, 'YTick', 0：1：3)
set (gca, 'YTicklabel', {' 零星 ', ' 一星 ', ' 二星 ', ' 三星 '})
```